Bo Hanus

Hauselektrik selbst installieren und reparieren

FRANZIS
DO IT YOURSELF

IM HAUS BAND 3

Bo Hanus

Hauselektrik
selbst installieren und reparieren

Leicht gemacht, Geld und Ärger gespart!

Mit 214 farbigen Abbildungen

Bibliografische Information der Deutschen Bibliothek

Die Deutsche Bibliothek verzeichnet diese Publikation in der Deutschen Nationalbibliografie; detaillierte Daten sind im Internet über **http://dnb.ddb.de** abrufbar.

Wichtiger Hinweis

Alle Angaben in diesem Buch wurden vom Autor mit größter Sorgfalt erarbeitet bzw. zusammengestellt und unter Einschaltung wirksamer Kontrollmaßnahmen reproduziert. Trotzdem sind Fehler nicht ganz auszuschließen. Der Verlag und der Autor sehen sich deshalb gezwungen, darauf hinzuweisen, dass sie weder eine Garantie noch die juristische Verantwortung oder irgendeine Haftung für Folgen, die auf fehlerhafte Angaben zurückgehen, übernehmen können. Für die Mitteilung etwaiger Fehler sind Verlag und Autor jederzeit dankbar.
Internetadressen oder Versionsnummern stellen den bei Redaktionsschluss verfügbaren Informationsstand dar. Verlag und Autor übernehmen keinerlei Verantwortung oder Haftung für Veränderungen, die sich aus nicht von ihnen zu vertretenden Umständen ergeben.
Evtl. beigefügte oder zum Download angebotene Dateien und Informationen dienen ausschließlich der nicht gewerblichen Nutzung. Eine gewerbliche Nutzung ist nur mit Zustimmung des Lizenzinhabers möglich.

Satz: www.ideehoch2.de
art & design: www.ideehoch2.de
Druck: Legoprint S.p.A., Lavis (Italia)
Printed in Italy

ISBN 3-7723-**4405-4**

Vorwort

Durch Selbermachen sparen Sie nicht nur einen Haufen Geld, sondern auch viel Ärger. Der Zeitaufwand, den das Selbermachen in Anspruch nimmt, ist dabei oft nicht größer, als für die Betreuung von Handwerkern (und für das zusätzliche Aufräumen) anfällt. Zudem können Sie sich bei eigenhändig vorgenommenen Arbeiten Ihre Zeit so einteilen, wie es Ihnen am besten passt – und brauchen sich nicht danach zu richten, wann es jemanden anderen recht ist. Das Selbstbewusstsein, dass man eigenhändig etwas vollbringen kann, wofür ein anderer einen Handwerker braucht, ist natürlich auch im übertragenen Sinne „Gold wert", denn es stellt ein Stück Freiheit dar, die sich unter anderem auch als Unabhängigkeit „von Fremden" manifestiert.

Dass immer noch die Auffassung herumgeistert, einem „Laien" wäre verboten, seine elektrischen Installationen selber durchzuführen, ist nur auf inkompetente Fehlinformationen zurückzuführen. Es gibt kein Gesetz, dass diese Art der „Eigenleistung" verbietet (und solch eines hat es auch noch niemals gegeben). Es gibt auch keinen gesetzlichen Vorschriftenzwang, an den Sie sich halten müssten. Sie sollten aber dennoch anstreben, Ihre Installation im eigenen Interesse gewissenhaft und vorschriftsgemäß so durchzuführen, wie es ein guter Profi machen würde. Lassen Sie sich nicht einreden, dass es gegenwärtig noch handwerkliche Tätigkeiten gibt, die ein geistig intakter Laie nicht bewältigen kann. Eine einfachere Elektroinstallation ist im Grunde genommen ein Kinderspiel. Auch dann, wenn dabei in die Wände gemeißelt wird, denn gerade da verschwindet letztendlich das eigenhändig erstellte „Kunstwerk" unter dem Putz. Was sichtbar bleibt, sind nur die neuen hübschen Schalter, Steckdosen oder Lampen.

Frisch gewagt ist halb gewonnen, besagt das gute alte Sprichwort. Sie werden übrigens staunen, wie einfach sich mit Hilfe dieses Büchleins alles machen lässt.

Viel Erfolg wünschen Ihnen
Bo Hanus und **Hannelore Hanus-Walther** (Ehefrau und Co-Autorin)

Inhaltsverzeichnis

Inhaltsverzeichnis

Inhaltsverzeichnis

Werkzeuge und Messinstrumente, die Sie brauchen (können)

Werkzeuge und Messinstrumente, die Sie brauchen (können)

Es gibt keinen Zweifel daran, dass gutes Werkzeug und gute Messinstrumente die Arbeit erleichtern. Sie ermöglichen uns zudem, dass wir so manches Anliegen, für das ein Anderer einen Handwerker braucht, selber meistern können und damit unheimlich viel Geld sparen.

Wie bei allen anderen Arbeiten handwerklicher Art hängt auch hier die sinnvolle Werkzeugausstattung vom Vorhaben ab. Wenn Sie beispielsweise nur ein einziges Mal in Ihrem Leben eine Deckenlampe aufhängen und anschließen möchten, werden Sie sich deshalb kaum aufwendige Spezialwerkzeuge oder Messgeräte zulegen wollen.

Das ist jedoch kein Problem! Meist wird Ihnen hierbei ein einfacher kleiner Schraubenzieher genügen, der gleichzeitig als Phasenprüfer ausgelegt ist. Ein derartiges „Spezialwerkzeug" kostet nur etwa einen Euro und strapaziert somit keinesfalls die Haushaltskasse. Mehr Werkzeuge werden Sie bei etwas Glück für so ein Anliegen nicht benötiger. Wohl aber für andere Aufgabenbewältigungen, die in einem normalen Haushalt laufend anfallen. Passendes und gutes Werkzeug kann Ihnen das Leben sehr erleichtern!

Um Missverständnissen vorzubeugen: ein gutes Werkzeug ist nicht gleichzustellen mit teurem Werkzeug. Die Zeiten, in denen ein höherer Preis automatisch als eine Art Garantie für bessere Qualität galt, sind vorbei. Die Qualität von Werkzeugen, die als gelegentliche „Supermarkt-Schnäppchen" angeboten werden, ist manchmal (allerdings nicht immer) wesentlich besser oder zumindest annähernd genau so gut, wie die Qualität von so genannten teuren Markenwerkzeugen.

Um nur ab und zu in den eigenen „vier Wänden" kleinere Änderungen an Ihrer Elektroinstallation durchzuführen, brauchen Sie sich keine speziellen Werkzeuge anzuschaffen. Die Arbeit macht jedoch mehr Spaß, wenn man mit schönen neuen Werkzeugen arbeiten kann, die eventuell als isolierte Elektriker-Werkzeuge im Elektronik-Versandhandel, in Baumärkten oder gelegentlich sogar als sehr preiswerte Schnäppchen in Lebensmittel-Discount-Läden erhältlich sind.

Ein GS-, TÜV- oder VDE-Zeichen auf einem isolierten Schraubenzieher oder auf einer isolierten Zange ergibt für einen Heimwerker keinen „tieferen" Sinn. Es ist zwar eine Art Bestätigung, dass man mit dem Werkzeug tatsächlich z.B. die an ihm angegebenen 5000 Volt berühren darf, ohne einen Schlag zu bekommen. Ein Heimwerker hat aber zu Hause keine 5000 Volt, sondern maximal nur 400 Volt. Die wird normalerweise auch ein „nicht geprüfter" isolierter Schraubenzieher verkraften, denn der Handel kann sich gegenwärtig nicht erlauben Werkzeuge zu verkaufen, die seine Kunden verletzen oder sogar ausrotten.

Im Gegensatz zu einem Betriebselektriker, der gelegentlich an Geräten arbeitet, die betriebsbedingt unter Spannung sind, wird ein Heimwerker zudem grundsätzlich nur bei abgeschaltetem Strom schrauben, zwikken oder abisolieren. Dennoch ist es von Vorteil, wenn die verwendeten Werkzeuge isolierte Griffe bzw. bei Schraubenziehern auch voll isolierte Stifte haben. Vor allem für den Fall, dass aus Versehen der Strom nicht abgeschaltet wurde (was in der Praxis oft erst dann vorkommt, wenn man „routinemäßig nachlässig" wird).

Wir haben in diesem Buch bei vielen Reparatur- oder Wartungsanleitungen auch die dafür benötigten Werkzeuge angesprochen. Viele dieser Werkzeuge können Ihnen auch bei anderen Arbeiten in Heim und Garten das Leben sehr erleichtern und den Spaß an der Tätigkeit erheblich steigern:

Werkzeuge und Messinstrumente, die Sie brauchen (können)

Schraubendreher ❶ (altdeutsch: „Schraubenzieher") gehören zu den Werkzeugen, von denen man eigentlich niemals zu viel haben kann. Es gibt sie in Standardausführungen als Schlitz-Schraubendreher (für die traditionellen Schlitz-Schrauben), Kreuzkopf-Schraubendreher, und Sechskant-Schraubendreher (als Alternative zu den „Inbusschlüsseln", die inzwischen auch als „Winkel-Schraubendreher" bezeichnet werden). Neben diesen drei Schraubendreher-Grundtypen gibt es auch diverse spezielle Klingenformen, wie Torx, Vielzahn, Innenvierkant usw. Die Anschaffung solcher speziellen Schraubendreher dürfte jedoch erst dann erfolgen, wenn sich der Bedarf ergibt.

Inbusschlüssel ❷ (Winkel-Schraubendreher) in Größen zwischen 2 und 6 mm können sich bei manchen Arbeiten als sehr nützlich erweisen.

Eine **Kombizange** ❸ – bevorzugt mit isolierten Griffen – gehört zu den Universal-Werkzeugen, die in einem Haushalt nicht fehlen sollten. Für die meisten Arbeiten an der Elektroinstallation kommt eine Kombizange jedoch nur für gelegentliche Anwendungen zum Einsatz, wenn dem Heimwerker (oder dem „Profi-Elektriker") noch speziellere Zangen – wie Seitenschneider, Spitzzange und Abisolierzange – zur Verfügung stehen.

Ein kräftigerer **Seitenschneider** ❹ (eine „Zwickzange") mit isolierten Griffen ermöglicht ein bequemes und genaues Schneiden der elektrischen Leiter oder dünneren Kabel.

Für feinere Arbeiten, z.B. beim Aufschneiden und Zuschneiden von Elektrokabeln, kann ein zweiter kleiner (und scharfer) **Elektronik-Seitenschneider** ❺ so manches Anliegen sehr erleichtern.

Eine **Flachrundzange** ❻ – mit ebenfalls isolierten Griffen – gehört zu der Werkzeugausstattung eines jeden Elektrikers und kann sich in der täglichen Praxis auch bei anderen gelegentlichen Arbeiten als sehr nützlich erweisen.

Eine **Rundzange** ❼ – egal ob mit oder ohne isolierte Griffe – benötigt der Elektroinstallateur nur dann, wenn er an einem Drahtende eine Öse erstellen möchte, mit der ein elektrischer Leiter unter eine Schraube befestigt werden sollte.

Isolierte Leiterenden sollten bevorzugt nur mit einer **Abisolierzange** ❽ von ihrer Kunststoffisolation befreit werden, da andernfalls die Gefahr besteht, dass der eigentliche Leiter (der blanke Kupferdraht) beim Abisolieren beschädigt wird und anschließend abbricht. **Einfachere Abisolierzangen** (Abbildung oben) eignen sich für gelegentliche Arbeiten. **Automatische Abisolierzangen** (Abbildung unten) erleichtern die Arbeit.

Ein **Kabelmesser** ❾ oder einfach ein stabiles scharfes und spitzes Messer kommt vor allem bei der Arbeit mit Kabeln (beim so genannten „Entmanteln" des Kabels) zum Einsatz.

Werkzeuge und Messinstrumente, die Sie brauchen (können)

Spezielle **Kabelschneider** ❶ erleichtern die Arbeit und sparen Zeit, aber ihre Anschaffung lohnt sich nur dann, wenn viele Kabel geschnitten werden. Ansonsten genügt bei dünneren Kabeln eine kräftigere Zwickzange (Seitenschneider), bei dickeren oder harten Kabeln eine Eisensäge.

Eine **Eisensäge** ❷ wird z.B. zum Schneiden von Kunststoff-Installationsrohren oder dickeren Kabeln benötigt. Sie gehört zu der „Standardausrüstung" eines jeden Heimwerkers. Am besten arbeitet es sich mit einer Eisensäge, deren Handgriff ähnlich ausgeführt ist wie bei dieser Abbildung. Sägen, deren Handgriffe nur ähnlich ausgeführt sind wie die runden Handgriffe von Feilen, sitzen nicht so gut in der Hand. Das erschwert vor allem einem Ungeübten die Schnittführung.

Meißel ❸ braucht man nur, wenn z.B. in die Wand gestemmt werden muss, um eine elektrische Leitung anzulegen bzw. zu verlängern oder um eine zusätzliche Gerätedose anzubringen. Für grobe Arbeiten eignet sich am besten ein Flachmeißel mit einem Gummischutz, der die Hand vor fehlgeleiteten Schlägen schützt (links abgebildet). Für feinere Arbeiten ist ein feiner Flachmeißel mit einer Klingenbreite von ca. 8 bis 10 mm zu empfehlen (rechts abgebildet).

Zum Flachmeißel gehört selbstverständlich auch ein **Hammer** ❹ , dessen Größe und Gewicht sowohl auf die Größe des Meißels als auch auf die Körperkraft des Anwenders abgestimmt werden sollte.

Eine kräftigere **Schlagbohrmaschine** ❺ (mit einer Leistung ab ca. 800 Watt) kommt zum Einsatz, wenn z.B. für eine Leitung ein Loch durch die Mauer gebohrt werden muss, oder wenn mit Hilfe von Vorbohrungen ein Stück Mauer gefügiger für das Meißeln gemacht wird. Abgesehen davon kann beim anschließenden Verputzen der Mauer in die **Schlagbohrmaschine** ein spiralförmiger Mischer (Farbenmischer) eingesetzt werden, mit dem der Putzmörtel in einem Baueimer (mit niedriger Drehzahl) gemischt wird.

Stein- oder Betonbohrer ❻ diverser Durchmesser werden für die Bohrungen für Wanddübel, für das Vorbohren für Geräte- und Verbindungsdosen und für das Bohren von Mauerdurchgängen benötigt. Für die meisten Vorhaben genügen Bohrer von Ø 4, 5 und 6 mm. Für Mauerdurchgänge müssen die Durchmesser und die Längen der benötigten Bohrer sowohl auf den Durchmesser auf der Leitungen als auch die baulichen Gegebenheiten abgestimmt werden. Der unten abgebildete **Glasbohrer** erleichtert das Bohren (bzw. Vorbohren) in die Fliesen (wenn da z.B. eine andere Wandleuchte oder eine zusätzliche Steckdose angebracht werden soll).

Wer in einem Rohbau oder im Keller mehr als etwa fünf Unterputz-Dosen für Schalter oder Stecker in die Mauer unterbringen möchte, der sollte sich zu diesem Zweck eine spezielle **Schlagbohrkrone** ❼ anschaffen. Sie wird – ähnlich wie ein Bohrer – in eine Schlagbohrmaschine eingesetzt und fräst die erforderlichen Löcher für Unterputz-Dosen relativ schnell und bequem aus. Gerätedosen (Schalter/Stecker-Dosen) haben jedoch einen kleineren Durchmesser

❶

❷
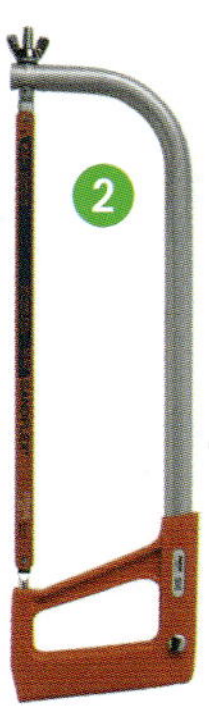

❸
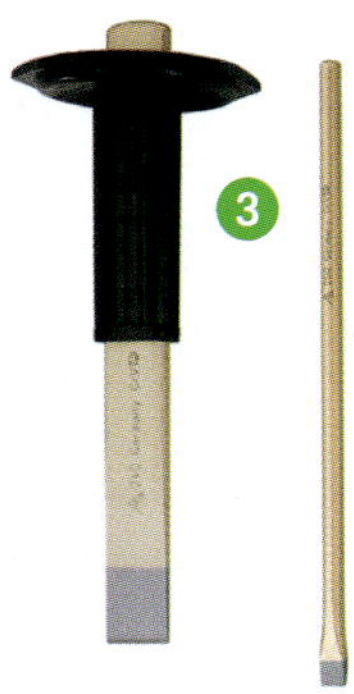

❹

❺

❻
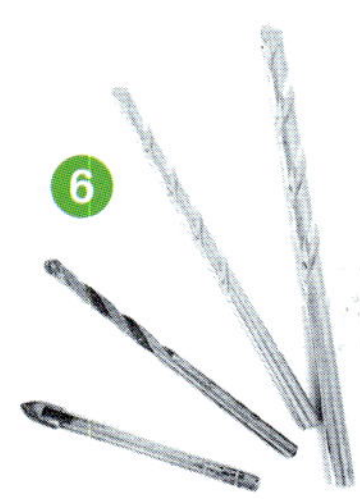

❼
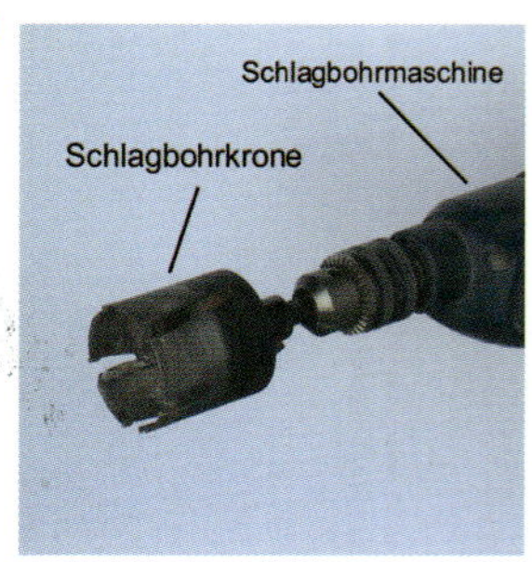

Werkzeuge und Messinstrumente, die Sie brauchen (können)

(von ca. Ø 65 mm) als Abzweigdosen, deren Durchmesser – je nach Type – ca. Ø 70 bzw. Ø 80 mm beträgt. Somit sind für aufwendigere Elektroinstallationen zumindest zwei passende Schlagbohrkronen (mit Durchmessern von ca. Ø 68 mm und z.B. Ø 83 mm) erforderlich.

Außerordentlich praktisch ist für einen jeden Heimwerker auch zusätzlich noch eine kleine und leichte **Handbohrmaschine** ❶, die für feinere Arbeiten eigentlich unentbehrlich ist. Kleine Bohrmaschinen sind während der letzten Jahre aus den Baumärkten ziemlich verschwunden, denn die Werbung hat sich auf „kräftige (= teure) Bohrmaschinen für kräftige Männer" eingeschossen (Foto/Anbieter: Conrad Electronic; Bestell. Nr. 82 63 03).

Richtiges Messen erleichtert die Arbeit und schützt vor Fehlern. Ein **Messschieber** ❷ (Schieblehre) ermöglicht z.B. ein genaues Messen vom Durchmesser diverser Leiter und Bauteile. Einfachere Messschieber herkömmlicher Bauart (Abbildung links) sind preiswert, aber das Ablesen des Messwertes ist hier „gewöhnungsbedürftig". Messschieber mit Digitalanzeige (Abbildung rechts) zeigen das ermittelte Maß eindeutig an, sind vor allem als gelegentliche „Schnäppchen" kostengünstig erhältlich.

Ein **Maßband** ❸ ist für „gröberes" Messen geeignet.

Schnelle Erkennung von elektrischer Netz-Wechselspannung ermöglichen diverse kleine **Phasenprüfer** ❹ **(Spannungsprüfer)**. Einfachere Phasenprüfer sind als kleine Schraubendreher ausgeführt und zeigen das Vorhandensein einer Wechselspannung (der Phase) nur optisch durch Aufleuchten eines Neonlämpchens in ihrem Griff an.

Phasenprüfer ❺ **gehobener Preisklasse** melden das Vorhandensein der Phase manchmal auch noch akustisch oder durch Vibrieren an. Einige Geräte zeigen die Phase sogar auch dann an, wenn ihre Spitze nur nahe an die Phase gehalten wird – also auch kontaktlos durch die Isolation eines Leiters.

Um eine elektrische Spannung messen zu können, braucht man ein Voltmeter, das wahlweise als ein reiner **Spannungsprüfer** oder als ein **Multimeter** erhältlich ist. Ein Multimeter hat im Vergleich mit einem reinen Spannungsprüfer den Vorteil, dass man mit ihm auch den Ohmschen Widerstand und den elektrischen Strom messen kann. Sehr handlich sind **Stift-Multimeter** ❻, die man während des Messens bequem in der Hand hält. **Tisch-Multimeter** ❼ verfügen wiederum oft über diverse zusätzliche Funktionen, die vor allem für Elektroniker oder Modellbauer nützlich sein können. (Foto/Anbieter: Conrad Electronic)

Einfache Spannungs- und Durchgangsprüfer ❽, die mittels Leuchtdioden nur in grober Abstufung die elektrische Spannung anzeigen, brauchen üblicherweise nicht auf einen Messbereich eingestellt zu werden. Das hat den großen Vorteil, dass es bei flüchtigen Kontrollmessungen nicht zu einer versehentlichen Beschädigung oder Vernichtung des Messgerätes kommen kann. Diese Messgeräte können jedoch nicht eine Unterspannung, Spannungsverlu-

Werkzeuge und Messinstrumente, die Sie brauchen (können)

ste am Ende einer schwer belasteten elektrischen Leitung, oder z.B. die exakte Höhe einer Autobatterie-Spannung anzeigen.

Spannungs-Durchgangsprüfer ❶, die neben einer optischen Anzeige auch noch akustisch oder mit einer gut spürbaren Vibration das Vorhandensein einer Spannung anzeigen, sind sehr vorteilhaft (und bequem). Man kann sich beim Messen nur darauf konzentrieren, was mit dem Messstiften berührt werden soll. Gute Spannungsprüfer lassen den Anwender durch Veränderung des Klanges oder der Vibration auch erkennen, ob es sich bei der gemessenen Netzspannung um eine 230-Volt- oder 400-Volt-Wechselspannung handelt. Das ist sehr wichtig bei Kontrollmessungen in Abzweigdosen, in denen zwei oder drei verschiedene Phasen (Drehstrom-Phasen) der Netzspannung vorhanden sind bzw. vorhanden sein könnten.

Leitungs-Metallsuchgeräte oder **Leitungs-Metall-Balkensuchgeräte** ❷ spüren verborgene Leitungen bzw. auch Balken in der Wand oder in der Decke auf und signalisieren den „Fund" (die Position) entweder optisch oder akustisch. Sie zeigen an, wo (und wohin) z.B. eine elektrische Leitung in der Wand läuft, wo sich in einer Holz- oder Gipskartondecke die Holzbalken oder Verstrebungen befinden. Empfindliche Metallsuchgeräte zeigen zudem an, wo z.B. in einer Betondecke die Armierungs-Betoneisenstäbe sitzen. Das hier abgebildete Gerät zeigt wahlweise elektrische Leitungen und Metallgegenstände oder auch Balken und Holzverstrebungen an. Manche solcher Ortungsgeräte sind jedoch oft nur als Leitungssuchgeräte oder nur als Balkenfinder ausgelegt – worauf beim Kauf zu achten ist.

Eine **Wasserwaage** ❸ braucht man vor allem bei Arbeiten, die an der Wand ausgeführt werden.

Elektriker-Einziehfedern ❹ sind wahlweise als Nylon- oder Stahlfeder erhältlich. Sie finden ihre Anwendung nur bei Rohrleitungs-Installationen bzw. beim Einziehen von zusätzlichen oder neuen Leitern (Drähten) in bestehende Rohrleitungen.

Für das Eingipsen von Unterputz-Dosen werden kleine **Spachteln** ❺ verwendet.

Neben den hier aufgeführten Werkzeugen gibt es ein großes Angebot an verschiedensten Universal- oder Spezialwerkzeugen, die Ihnen unter Umständen die Arbeit erleichtern können – oder mit denen das Arbeiten richtig Spaß macht.

Wenn Sie zu denen gehören, die gerne alles selber machen möchten, aber nicht immer genau wissen, wie und womit etwas am besten gemacht werden kann, fragen Sie sich einfach bei den Fachverkäufern in Baumärkten oder im Fachhandel durch. Sie erhalten oft viele praktische Tipps, die Ihnen unnötiges Grübeln und Kopfzerbrechen ersparen können.

Fallen Sie aber bitte bei der Anschaffung von Werkzeugen nicht unkritisch auf Sprüche herein, mit denen Ihnen eventuell ein Verkäufer relativ überteuerte Produkte schmackhaft zu machen versucht, bei denen der hohe Preis nur auf hohe Gewinnspannen zurückzuführen ist. Sehen Sie sich vorher immer erst um, was vergleichbare Werkzeuge oder Materialien anderswo kosten.

❶

❷

❸

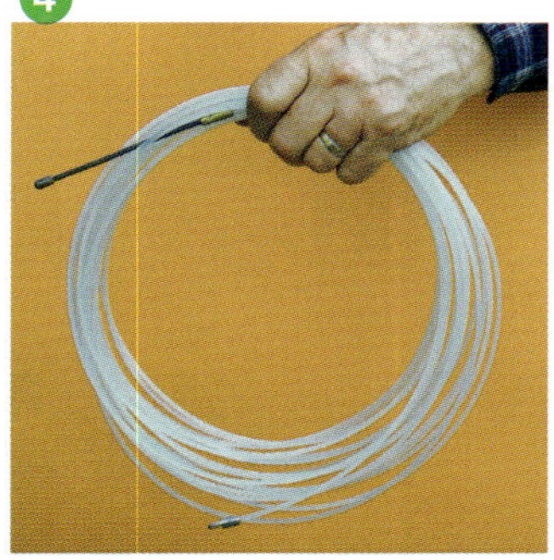

❹

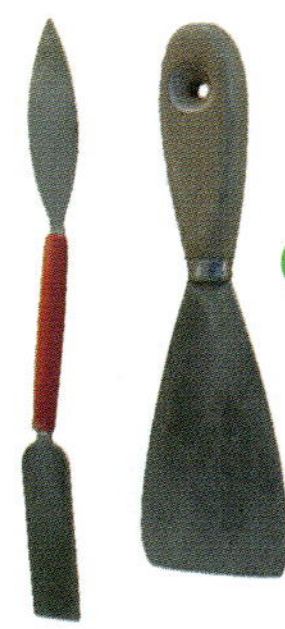

❺

Das meiste ist ein Kinderspiel!

Einfachere Elektroarbeiten am Hausnetz gehören zu den leichtesten Aufgaben auf dem Heimwerkergebiet. Schon das Aufhängen von Gardinen oder das Tapezieren eines Zimmers stellen höhere Ansprüche an die Handfertigkeit und sind oft mit größeren Unfallrisiken verbunden als die meisten Elektroarbeiten, die im Wohnbereich anfallen.

Das Sympathische an den Elektroarbeiten ist, dass sich der elektrische Strom, als eigentliche Gefahrenquelle, einfach vorher abschalten lässt – was als eine selbstverständliche Vorsorgemaßnahme auch gehandhabt wird.

Das meiste ist ein Kinderspiel!

Der elektrische Strom ist unsichtbar und der Slogan „Sehen ist glauben" kommt hier nur über einen Umweg zur Geltung. Wenn es allein darum geht festzustellen, ob eine Steckdose funktioniert, überprüft man sie z.B. mit einer Nachttischlampe oder mit einem beliebigen Elektrogerät.

Ein solcher Test sagt jedoch nichts darüber aus, in welchem Loch der Steckdose die Phase lauert. Kein Problem! Es gibt bereits für ca. einen Euro kleine **Phasenprüfer**, die nach Abb. 1 als kleine Schraubendreher ausgeführt sind und die „Anwesenheit" der Phase anzeigen – als „die Spannung, von der man einen Schlag bekommen kann" (wenn vorher die Spannung nicht abgeschaltet wurde).

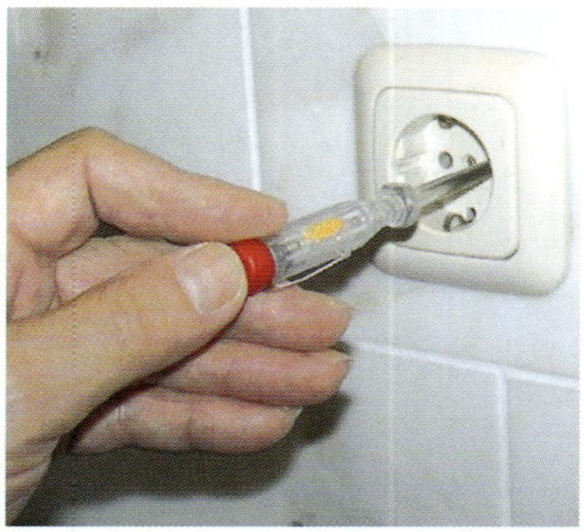

Abb. 1: Ein einfacher Neon-Phasenprüfer, der meistens in der Form eines kleinen Schraubenziehers erhältl ch ist, zeigt mit seinem Glimmlämpchen das „Vorhandensein" der Netzspannungsphase an.

Der elektrische Strom lässt sich mit strömendem Wasser vergleichen. In einer Elektroleitung fließt jedoch der elektrische Strom (der aus unsichtbaren Elektronen besteht) nur unsichtbar. Wir haben dennoch keinen Zweifel daran, dass aus einer Taschenlampenbatterie der elektrische Strom in ihre Glühlampe fließt. Letztendlich können wir ihn ja bedarfsbezogen ein- oder abschalten. Wir wissen auch, dass eine jede Batterie zwei Pole hat: einen Plus-Pol und einen Minus-Pol.

Eine Glühlampe leuchtet nur dann, wenn ihr Glühfaden nach Abb. 2 an eine Batterie oder an die Netzspannung so angeschlossen ist, dass durch ihn der elektrische Strom fließen kann. Der elektrische Strom heizt den Glühfaden der Glühlampe derartig auf, dass er glüht – und somit leuchtet.

Auf diese Art funktioniert die Beleuchtung bei unserem Fahrrad, bei unserem Auto, in unseren Wohnräumen oder bei der Straßenlaterne. Allerdings mit dem kleinen Unterschied, dass einige der Stromquellen den so genannten Gleichstrom und andere den so genannten Wechselstrom liefern.

Das Sympathische an der Sache ist, dass es z.B. einer Glühlampe oder einer Heizspirale völlig egal ist, ob sie mit Wechselstrom oder Gleichstrom gespeist wird. Viele der anderen elektrischen „Verbraucher" – darunter z.B. Haushaltsmaschinen oder elektronische Netzgeräte würden sich tot stellen, wenn man sie an Gleichstrom – und nicht an den für sie vorgesehenen Wechselstrom – anschließen würde.

Gleichstrom beziehen wir in der täglichen Praxis überwiegend aus Batterien, die wir z.B. als Knopfzellen, Taschenlampen und Gerätebatterien oder Autobatterien (Blei-Akkus) kennen. Der Gleichstrom, der von einem Verbraucher aus einer Batterie bezogen wird, strömt durch den angeschlossenen Verbraucher ähnlich ununterbrochen, wie das Wasser eines Flusses oder Bächleins, das beispielsweise ein Mühlrad antreiben kann.

Wechselstrom wechselt dagegen sozusagen „pumpend" (wellenförmig) seine Richtung. In der Natur gibt es keine Treibkraft, die sich in Hinsicht auf ihre Wirkungs-

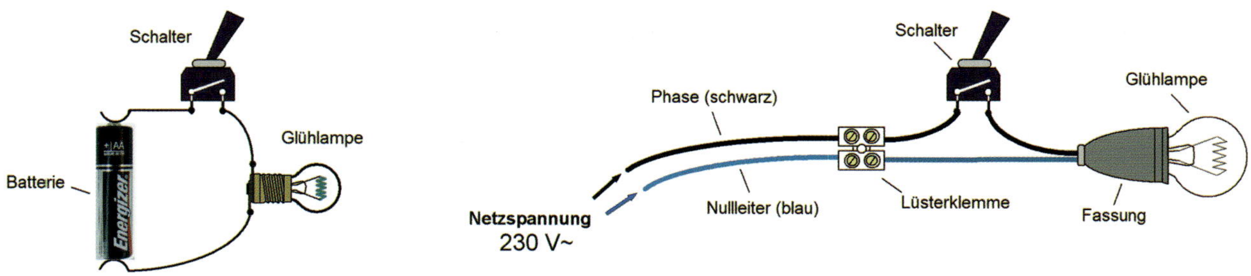

Abb. 2: Die „Zuleitung" und Ein-/Aus-Schaltung der Glühlampen-Stromversorgung einer Taschenlampe (links) unterscheidet sich nicht von der Stromversorgung einer 230-Volt-Netzspannungslampe (rechts).

weise mit dem Wechselstrom vergleichen ließe. Man kann sich aber anhand von Abb. 3 den Wechselstrom als einen wellenförmig pulsierenden Strom vorstellen, der in diesem Beispiel mit einem manuell angetriebenen „Generator" ziemlich einfach erzeugt werden kann.

Wechselspannung, die sowohl aus positiven als auch aus negativen Spannungswellen (Spannungsimpulsen) besteht. Die Spannungsmaxima liefert der Generator jeweils in dem Augenblick, in dem der Magnet gerade den „magnetischen Kreis" optimal schließt bzw. „durchquert" (wie eingezeichnet).

Wir wissen, dass der elektrische Strom nicht durch Schläuche oder Rohre, sondern durch elektrisch leitende Metalle fließt. Diese werden in der Form von Drähten und Kabeln (Leitern) aus Kupfer zu seinem Transport verwendet.

Beim Vergleich mit einer Wasserleitung stellt der elektrische Strom den Wasserstrom dar und die elektrische Spannung entspricht dem Wasserdruck.

Wie bereits mit Hilfe der Abb. 2 erklärt wurde, kann eine Glühlampe nur dann leuchten, wenn sie bei einer Batterie zwischen ihre zwei Pole und bei einer Netz-Wechselspannung zwischen die **Phase** und den **Nullleiter** angeschlossen wird. Der elektrische Strom fließt dann „erzwungenermaßen" durch sie hin. Auf dieselbe Art fließt der elektrische Strom durch ein Heizkissen, durch eine Heizspirale im Elektroherd und durch alle andere elektrische „Verbraucher" hindurch und versorgt sie mit seiner Energie.

Man darf sich einfachheitshalber die

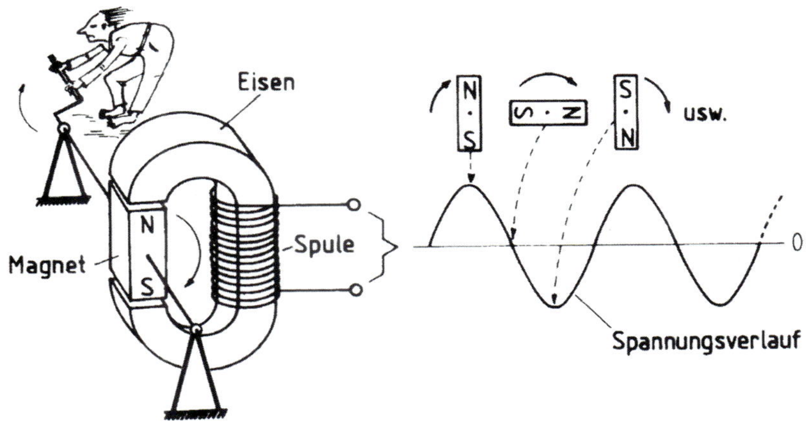

Abb. 3: Die Funktionsweise eines Wechselstrom-Generators ist hier leicht nachvollziehbar: Wird der hier eingezeichnete Magnet (Dauermagnet) um seine Achse gedreht, entsteht in der Spule eine sinusförmige elektrische Wechselspannung, die sowohl aus positiven als auch aus negativen Spannungswellen (Spannungsimpulsen) besteht. Die Spannungsmaxima liefert der Generator jeweils in dem Augenblick, in dem der Magnet gerade den „magnetischen Kreis" optimal schließt bzw. „durchquert" (wie eingezeichnet).

Phase als eine Wasserleitungszufuhr und den **Nullleiter** als das Abflussrohr vorstellen. Allerdings nur einfachheitshalber, denn die Polarität (die Flussrichtung) ändert sich bei der Netz-Wechselspannung hundertmal pro Sekunde (zwei Spannungshalbwellen bzw. -impulse mal fünfzig).

Die drei „üblichen" Elektroleiter, die als Zuleitung zu einer Netz-Steckdose oder zu einer Leuchte führen, werden als Phase, Nullleiter und Schutzleiter bezeichnet. Die Phase und der Nullleiter sind für die eigentliche Stromversorgung zuständig und bei ihrem Anschluss braucht „technisch bedingt" nicht auf die Polarität geachtet zu werden. Der Schutzleiter muss (als „Erdung") an die für ihn vorgesehene Klemme angeschlossen werden. Eine Ausnahme bilden hier elektrische Verbraucher, wie z.B. Kunststoffleuchten oder Geräte mit elektrisch isolierendem Kunststoffgehäuse. Die sind herstellerseitig nur für einen Zweidraht-Stromanschluss (Phase und Nullleiter) ausgelegt und verfügen über keine Schutzleiter-Anschlussklemme – was auch auf die Stecker solcher Geräte zutrifft.

Für den Elektroinstallateur – oder für denjenigen der seine Elektroinstallation „eigenhändig" wartet – ist die Tatsache von Bedeutung, dass beim **Wechselspannungsnetz** der **Nullleiter** quasi mit der Erde verbunden ist und somit als **„spannungsfrei"** betrachtet werden darf. Den „Dritten im Bunde", der bei einem Netzanschluss oft erforderlich ist, bildet der so genannte Schutzleiter (Erder). Er ist zwar nicht für die eigentliche Stromversorgung der elektrischen Verbraucher nötig, wird aber mit ihren elektrisch leitenden (= metallischen) „Körperteilen" nach Abb. 5 bis 7 verbunden, mit denen der Anwender in Berührung kommt.

Das meiste ist ein Kinderspiel!

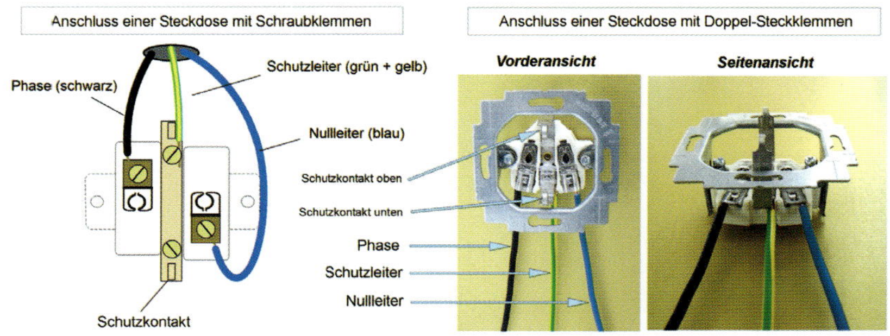

Abb. 4: Wandsteckdosen verfügen immer über einen (federnden) Schutzkontakt, der die Verbindung des Schutzleiters zu dem angeschlossenen Verbraucher herstellt – insofern der Stecker des Verbrauchers ebenfalls mit einem Schutzkontakt versehen ist. Diverse kleinere Verbraucher, die mit einem isolierenden Kunststoffgehäuse konzipiert sind, benötigen keinen Schutzleiteranschluss und ihre Stecker sind als Flachstecker mit nur zwei Anschlüssen (für die Phase und den Nullleiter) versehen.

Wenn durch einen Defekt in einem Elektrogerät oder in einer Lampe die „beißende" **Phase** einen elektrisch leitenden Geräteteil berührt und dieser mit einem **Schutzleiter** verbunden ist, schaltet der Sicherungsautomat die Stromzufuhr sofort ab (bei älteren Anlagen brennt die Sicherung durch). Der „Anwender" kann somit unter keinen Umständen in Berührung mit der Phase kommen und einen Stromschlag erleiden.

Aus diesem Grund müssen alle Unterputz-Steckdosen mit einem **Schutzkontakt** (nach Abb. 4) versehen sein, an dem der Schutzleiter angeschlossen ist. Aus demselben Grund muss u.a. auch an alle Metalllampen und Elektrogeräte mit elektrisch leitenden Konstruktionsteilen der **Schutzleiter** an die dafür vorgesehene Klemme (nach Abb. 8) angeschlossen werden.

Gut zu wissen: Vom Nullleiter oder vom Schutzleiter kann man keinen elektrischen Schlag bekommen – nur von der **Phase**.

Sie können aber auch von der Phase keinen elektrischen Schlag bekommen, wenn Sie auf einer Isolierplatte stehen, die sie perfekt gegen die Erde isoliert. Stehen Sie dagegen z.B. barfuß auf einem feuchten Betonfußboden und berühren mit ihrem Finger die Phase, bekommen Sie einen kräftigen Stromschlag. Der Strom fließt in diesem Fall durch Ihren Körper (wie durch eine Glühbirne), denn die Erde ist mit dem Nullleiter und dem Schutzleiter verbunden und fungiert somit als „Gegenpol" zu der Phase. Wenn jedoch der Stromkreis durch einen so genannten **FI-Schutzschalter** abgesichert ist, schaltet er den Strom blitzschnell ab, bevor dieser lebensbedrohlich werden kann.

Es dürfte aber kaum anzunehmen sein, dass Sie bei Elektroinstallationsarbeiten barfuß auf einem nassen Betonfußboden stehen und dabei nonchalant an elektrischen Leitungen herumexperimentieren werden, die unter Spannung stehen. Wenn es in der Praxis zu einem derartigen Unfall kommt, geschieht es ohnehin meistens nicht beim Arbeiten an der Elektroinstallation, sondern bei Anwendungen von defekten Elektrogeräten oder defekten Kabeln.

Unfälle mit dem elektrischen Strom erleiden erfahrungsgemäß überwiegend gerade die Menschen, die von sich behaupten, dass sie mit elektrischem Strom nichts zu tun haben wollen und die von der ganzen Materie keine Ahnung haben. Sie sind mit Touristen zu vergleichen, die sich z.B. im Gebirge völlig ahnungslos großen Gefahren aussetzen, weil ihnen das Grundwissen über die Risiken fehlt.

Hinweis:

Vorschriftsgerechte Bezeichnung und Farben der Elektroleiter, auf deren Einhaltung zu achten ist:

Phase: Bezeichnung **P oder L**, bzw. bei Drehstrom **L1, L2, L3**; Farbe **schwarz** oder **braun**

Nullleiter: Bezeichnung **N**, Farbe **blau**

Schutzleiter: Bezeichnung **PE**, Farbe **grün/gelb**

Fazit:

Elektrische Verbraucher, deren Gehäuse oder „Körper" aus Kunststoff sind, benötigen als Zuleitung nur die Phase (schwarz) und den Nullleiter (blau). Ansonsten benötigen **alle** Steckdosen und **alle** Lampen mit elektrisch leitenden Körperteilen drei Anschlüsse: die **Phase**, den **Nullleiter** und den grün/gelben **Schutzleiter** („Erder").

Das meiste ist ein Kinderspiel!

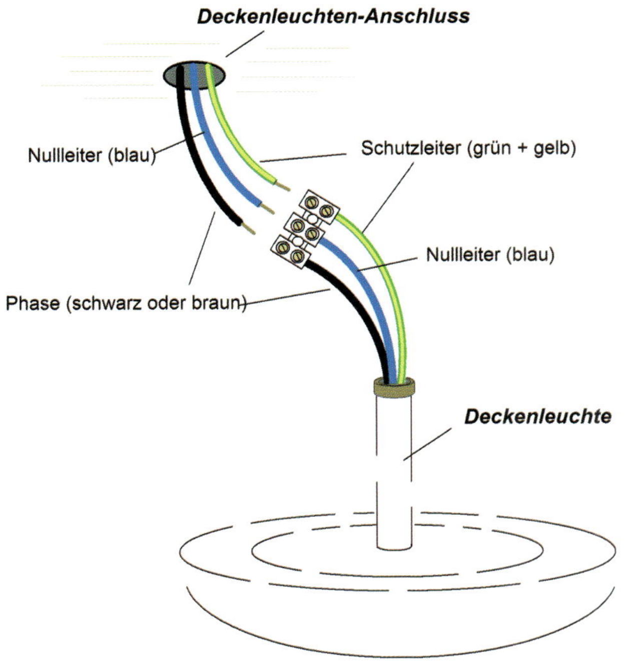

Abb. 5: Der Schutzleiter muss an einer Metall-Deckenleuchte (als „Erdung") an die für ihn vorgesehene Klemme angeschlossen werden, bleibt jedoch „unangeschlossen" wenn die Leuchte aus Kunststoff ist und über keine Schutzleiterklemme verfügt.

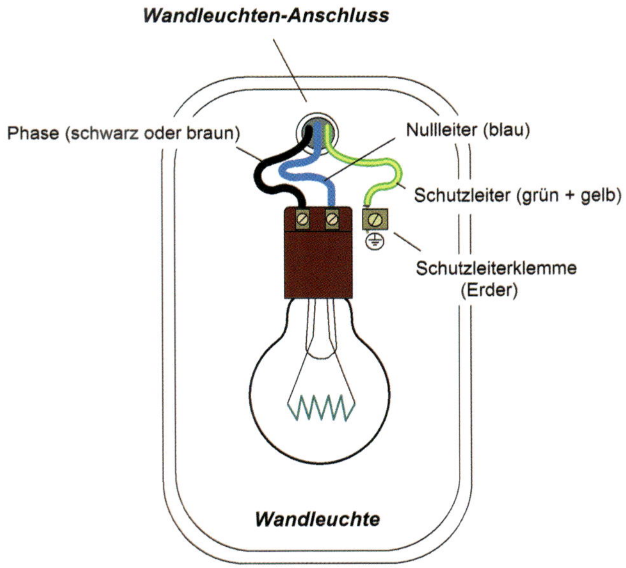

Abb. 6: Bei einigen Wandleuchten sind die Phase und der Nullleiter direkt an die Lampenfassung (ohne zusätzliche Lüsterklemmen) angeschlossen. Auch hier sind alle Metall-Wandleuchten mit einer Schutzleiterklemme versehen.

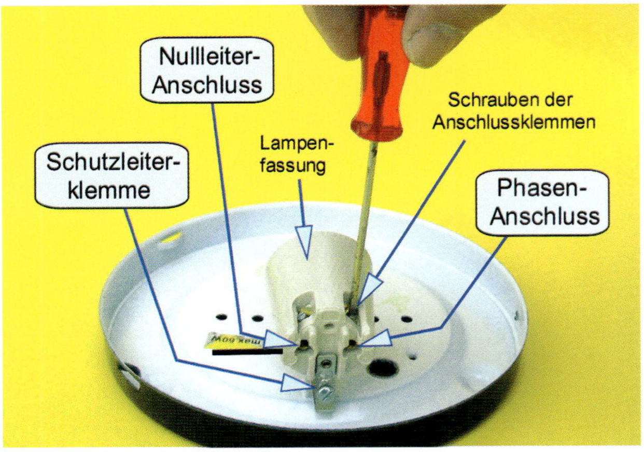

Abb. 7: Ausführungsbeispiel einer Wandleuchte nach Abb. 6 mit ihren Anschlüssen: Das Anschließen einer solchen Leuchte ist wirklich einfach.

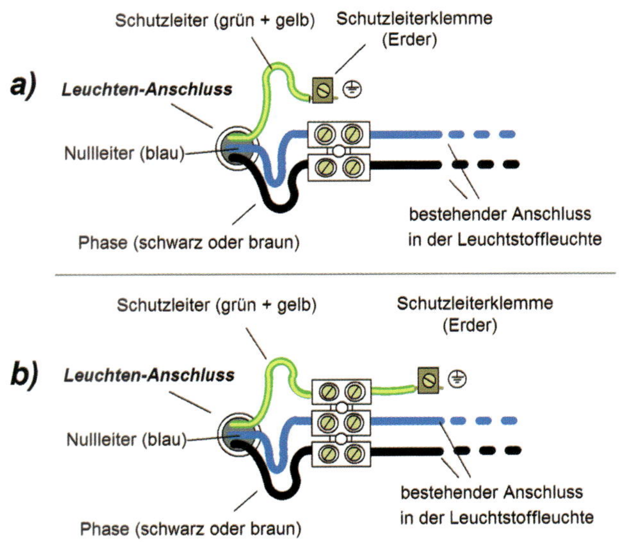

Abb. 8: Die Anschlüsse aller elektrischen 230-Volt-Verbraucher mit metallischen Konstruktionsteilen sind immer für „Dreidraht-Anschlüsse" (Phase – Nullleiter – Schutzleiter) ausgelegt: a) bei manchen Leuchten oder anderen Verbrauchern ist die Schutzleiterklemme separat angeordnet; b) alternativ ist oft die Schutzleiterklemme in einem „Lüsterklemmen-Trio" integriert.

So wird die Spannung richtig geprüft

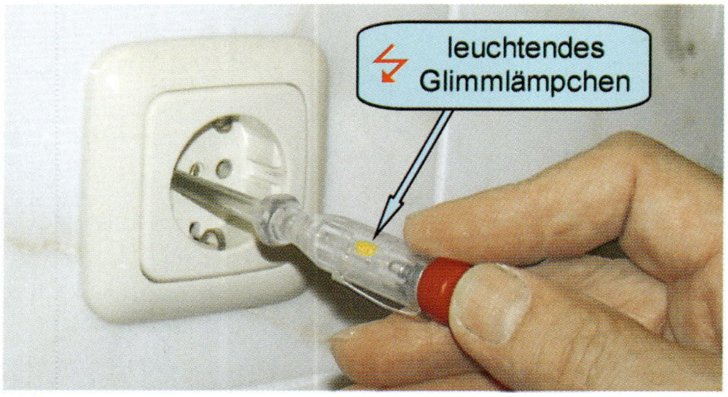

Abb. 9: Durch Anlegen des Daumens an die kleine Kontaktfläche in der Metallkappenmitte eines Billig-Phasenprüfers wird dieser (über den Körper) mit der Erde verbunden und sein Glimmlämpchen im Griff leuchtet auf, wenn seine Klinge die Phase der Netzspannung berührt (Foto/Anbieter: Conrad Electronic).

Abb. 10: Der kontaktlose Netzspannungsprüfer „VoltAlert" von Fluke zeigt durch rotes Aufleuchten seiner Spitze die Anwesenheit einer Spannung, z.B. auch durch die Isolation eines Leiters, an (Foto/Anbieter: Conrad Electronic).

Wenn Sie mit einem einfachen **Phasenprüfer** Drähte, Klemmen oder andere Bauteile berühren, die „unter Spannung" sind, leuchtet das Glimmlämpchen in seinem Griff auf. Sie müssen bei diesem Vorgang z.B. nach Abb. 9 Ihren Finger auf der Metallkappe des Phasenprüfers halten, um den Stromkreis (über einen im Phasenprüfer eingebauten hochohmigen Widerstand und Ihren Körper) gegen die Erde zu schließen.

Die Lichtintensität des Glimmlämpchens hängt von Ihrem Körperwiderstand und Ihrer Verbindung mit der „Mutter Erde" über Ihre Schuhsohlen ab (keine Angst - es handelt sich hier um einen sehr geringen Strom, den Sie garantiert überhaupt nicht wahrnehmen können).

Sie werden möglicherweise während der Messungen an Leitungen gelegentlich feststellen, dass das Glimmlämpchen des Phasenprüfers sehr schwach (aber dennoch) auch dann leuchtet, wenn Sie z.B. eine Klemme berühren, die **nicht** unter Spannung stehen dürfte bzw. auch tatsächlich nicht unter Spannung steht. Die Ursache liegt darin, dass sich nur eine ganz harmlose Spannung von anderen Leitern (die sich in derselben Leitung befinden) „durch die Luft" an den getesteten Leiter überträgt. Diese Spannung ist ungefährlich. Sie müssen jedoch ohne Zweifel feststellen können, dass da die Lichtintensität des Phasenprüfers tatsächlich wesentlich schwächer ist als bei der Berührung der Phase.

Für „zweipolige Spannungsmessungen" führt der Handel (bzw. Versandhandel) ein umfangreiches Angebot von **zweipoligen Spannungsprüfern (Spannungsmessern)** nach Abb. 11. Ob Sie nun die Spannung an Klemmen oder an abisolierten Leiterenden messen wollen: sobald die zwei Messstifte des Spannungsprüfers die Phase und die Null – oder die Phase und den Schutzleiter – berühren, zeigt dieser die vorhandene Spannung an. Da bei jedem solchen Messgerät eine Bedienungsanleitung beigepackt ist, kommt mit ihm auch ein unerfahrener Anwender problemlos zurecht.

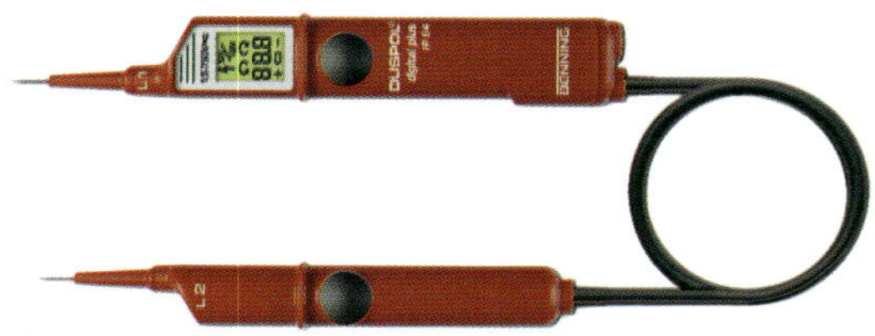

Abb. 11: Ausführungsbeispiel eines zweipoligen Spannungsprüfers mit einer digitalen Spannungsanzeige und einem Vibrationsalarm.

Wichtig:

Das Glimmlämpchen-Licht der herkömmlichen Billig-Phasenprüfer ist in sonnigen Räumen (oder an sonnigen Stellen) manchmal nur dann sichtbar, wenn es mit der Hand gegen Lichteinfall etwas abgedeckt wird oder wenn z.B. die andere Hand einen Schutzleiteranschluss berührt. Vergewissern Sie sich daher vor dem Abschalten des Stroms, ob das Leuchten des Phasenprüfers an dem vorgesehenen Anschluss ausreichend wahrnehmbar ist.

Leuchten anbringen / abnehmen

Leuchten anbringen / abnehmen

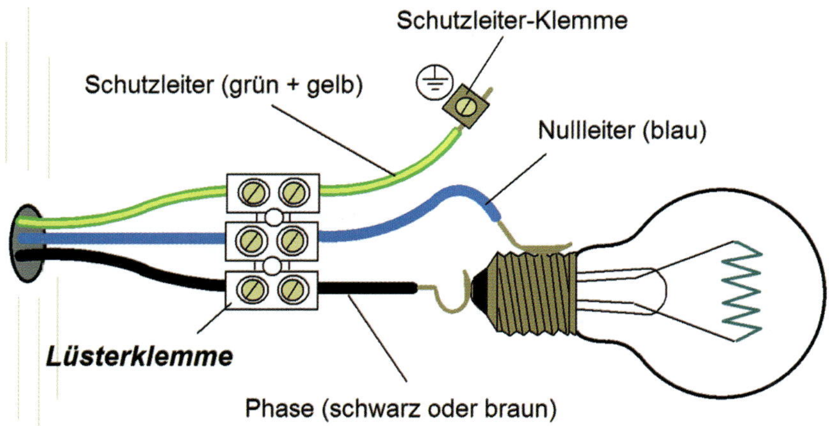

Abb. 12: Prinzip des Netzanschlusses einer Lampe

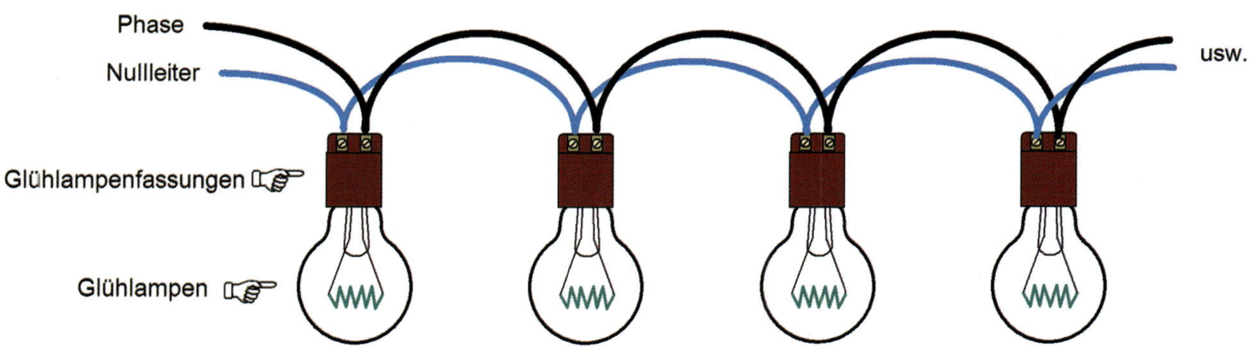

Abb. 13: Lampenkette im Parallelbetrieb

Eines haben alle elektrischen „Netzverbraucher" - und somit auch alle Lampen gemeinsam: Sie benötigen als Stromzuleitung die **Phase**, den **Nullleiter** und als „Dritten im Bunde" evtl. einen **Schutzleiter** (Abb. 12).

Für die eigentliche Funktion einer Glühlampe ist es nicht erforderlich, dass der Nullleiter an ihr Gewinde angeschlossen ist, wie in Abb. 12 dargestellt wird, aber auf diese Weise steht das Glühlampengewinde auch bei eingeschalteter Leuchte nicht unter Spannung.

Wie bereits in Zusammenhang mit Abb. 5 bis 8 erklärt wurde, müssen elektrisch leitende Lampenteile (aus Metall) mit dem Schutzleiter des Hausnetzes verbunden werden. Eine Ausnahme bilden nur Vollkunststofflampen, die keine elektrisch leitende Metallteile haben und daher keinen Schutzleiter benötigen (und vom Hersteller für diesen Anschluss auch nicht vorgesehen sind).

Wichtig:

Über den Lichtschalter muss unbedingt die **Phase** (**nicht** der **Nullleiter**) geschaltet werden. Mit einem Phasenprüfer lässt es sich leicht überprüfen.

Deckenleuchter aufhängen

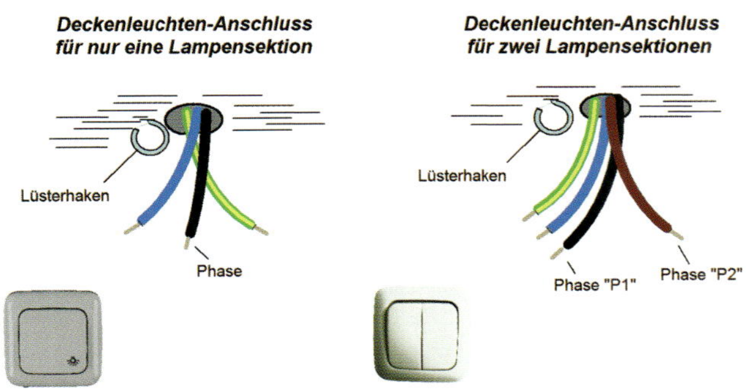

Abb. 14: Anschlüsse für Deckenleuchten sind wahlweise für nur eine oder für zwei Lampensektionen ausgelegt.

Für das eigentliche mechanische Aufhängen der Deckenleuchten gibt es den bekannten Lüsterhaken in der Decke. Bei vorschriftsgemäßen Deckenanschlüssen „hängen" aus der Decke drei bis vier Anschlussdrähte (Leiter) nach Abb. 14 heraus. Einer dieser Leiter ist grün/gelb gestreift und wird als **Schutzleiter** mit dem Metallkörper der Lampe direkt verbunden werden. Abhängig davon, ob der Leuchtenhersteller den **Schutzleiter** seiner Leuchte bereits an eine Lüsterklemme herausgeführt hat oder ob die Leuchte zu diesem Zweck nur über eine Schutzleiterklemme verfügt, ist der Leuchtenanschluss nach Abb. 5/6 (auf Seite 19) auszuführen.

Viele Deckenleuchten-Anschlüsse im Wohnzimmer sind in zwei Sektionen geteilt, um die Lampen über zwei selbstständige Lichtschalter bzw. über einen „Doppelschalter" (Serienschalter) schalten zu können. Abb. 15 zeigt, dass so ein geteilter Anschluss kein Kopfzerbrechen verursachen dürfte.

Die Leuchte muss in dem Fall über zwei selbstständige „Phasenanschlüsse" verfügen, die aus einem schwarzen und einem braunen Leiter bestehen, wie in Abb. 15 eingezeichnet ist. Manchmal sind beide Phasenzuleitungen (**Phase 1** und **Phase 2**) auch nur schwarz bzw. nur braun – wodurch sich an der Installation nichts ändert.

Wenn die eigentliche Deckenleuchte nicht über zwei separate Lampensektionen verfügt, muss man sich damit abfinden, dass einer der zwei geschalteten Leiter (an der Decke) nicht verwendet werden kann. In dem Fall darf man den Leiter einfach als „nicht existent" betrachten – aber nicht abzwicken, sondern nur schützend mit einem Isolierband isolieren! Den ursprünglichen Doppel-Lichtschalter (Serienschalter) können Sie evtl. durch einen einfachen Lichtschalter oder

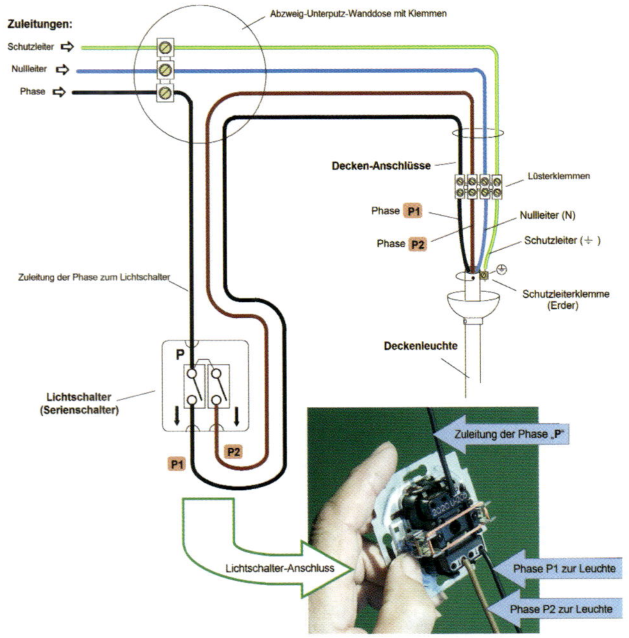

Abb. 15: Anschluss einer Deckenleuchte mit zwei separat geschalteten Lampensektionen.

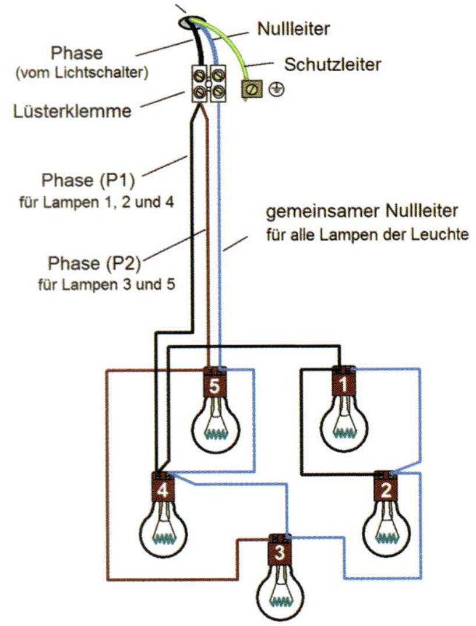

Abb. 16: Anschluss einer Deckenleuchte, die zwar mit zwei separat geschalteten Lampensektionen ausgelegt ist, aber an einen gemeinsamen Lichtschalter angeschlossen werden muss.

Deckenleuchter aufhängen

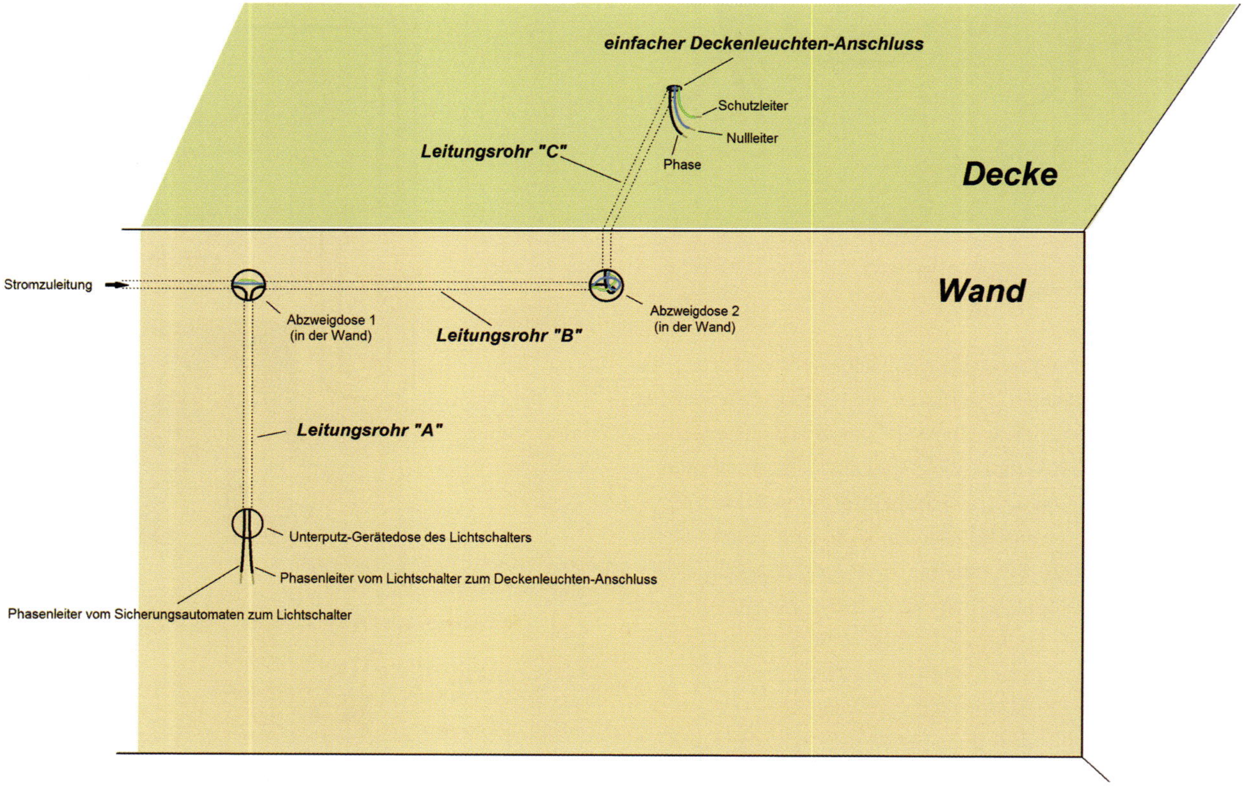

Abb. 17: Beispiel eines Deckenleuchtenanschlusses, bei dem der Lichtschalter nur eine Phase für die Deckenleuchte ein- und ausschalten kann.

Lichtdimmer ersetzen. Dies ist zwar nicht technisch bedingt, aber es kann störend sein, wenn der Lichtschalter zwei Tasten hat, von denen nur eine verwendet wird.

Es kann allerdings auch vorkommen, dass Sie sich eine Leuchte bzw. einen Kronleuchter zulegen, dessen Lampen in zwei Sektionen eingeteilt sind, ihr Deckenanschluss jedoch nur als „Dreidraht-Anschluss" ausgelegt ist und somit nur über einen einzigen Phasenleiter (und auch nur über einen einzigen Lichtschalter) verfügt. Hier können Sie entweder die zwei Phasenzuleitungen des Leuchters einfach nach Abb. 16 zusammenschließen oder Sie ziehen in die Zuleitung vom Lichtschalter zu der Lampe einen zusätzlichen, schwarzen oder braunen 1,5-mm^2-Leiter ein und ersetzen den bestehenden einfachen Lichtschalter durch einen Doppelschalter (Serienschalter).

Die letztere Empfehlung setzt allerdings voraus, dass die Elektroinstallation mit Rohrleitungen ausgeführt ist, in die sich zusätzliche Leiter hineinziehen lassen. Ist dem so, können Sie beim Anbringen eines zusätzlichen (dritten) Leiters auf zwei Weisen vorgehen:

a) Sie ziehen den zusätzlichen Leiter (Draht) mit Hilfe einer speziellen „Elektriker-Einzieh-Nylonfeder bzw. Einzieh-Stahlfeder" in die bestehenden Installationsrohre hinein oder
b) der zusätzliche Leiter wird in das Installationsrohr auf die Weise hineingezogen, dass einer der bereits bestehenden Leiter (Drähte) als Zugfeder verwendet wird. Er muss in dem Fall allerdings gleichzeitig auch einen „Ersatzleiter" für sich selbst in das Rohr hineinziehen.

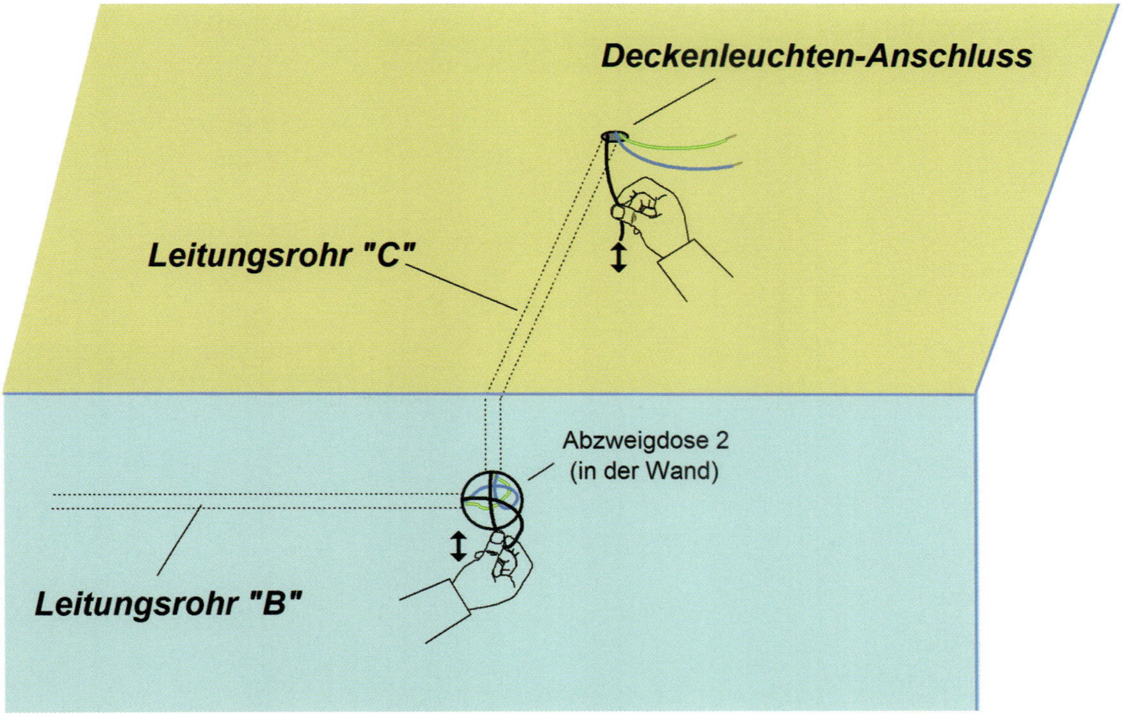

Abb. 18: Beispiel eines Deckenleuchtenanschlusses, bei dem der Lichtschalter nur eine Phase für die Deckenleuchte ein- und ausschalten kann.

Abb. 17 zeigt eine bestehende Deckenleuchten-Installation, die nur für eine einzige Lichtsektion – und somit auch nur für einen einfachen Lichtschalter – angelegt ist. Wenn der einfache Lichtschalter durch einen Serien-Lichtschalter (mit zwei separaten Schaltern) ersetzt werden sollte, der einen Leuchter mit zwei unabhängigen Lampensektionen schalten kann, muss von dem Schalter zu dem Leuchter ein zusätzlicher Leiter (isolierter Kupferleiter) in die Installationsrohre eingezogen werden.

Das eigentliche Einziehen eines zusätzlichen Leiters setzt voraus, dass die Rohrzuleitung zum Deckenanschluss (das Leitungsrohr „C" in Abb. 17/18) ordnungsgemäß ausgeführt wurde. Manchmal kommt es vor, dass ein schlampiger Elektriker den Bogen zwischen der Wand und der Decke mit einem Klick unter den Putz hineingedrückt hat, der die Leiter derartig festklemmt, dass da für einen zusätzlichen Leiter kein Durchkommen mehr ist.

Sie können jedoch bereits im „Planungsstadium" prüfen, ob sich z.B. der schwarze Phasenleiter im Leitungsrohr „C" leicht hin und her (nach Abb. 18) ziehen lässt. Mit einem Gehilfen geht es am besten: Sie können dann den Leiter einfach ein paar Mal hin und her ziehen. Geht es leicht, wird sich auch noch der zusätzliche Leiter problemlos hineinziehen lassen.

Stellt sich heraus, dass der Leiter klemmt (was bei einer ordentlich angelegten Elektroinstallation nicht vorkommen dürfte), ist es auch keine mittlere Katastrophe: Der klemmende Bogen müsste vorsichtig aus dem Putz herausgestemmt und aufgeschnitten, die Leiter müssten aus dem Leitungsrohr herausgezogen und nach dem Einsetzen eines neuen „ordentlichen" Bogens wieder hineingezogen werden. Ein solcher Eingriff sollte bevorzugt vor dem Streichen der Wände bzw. vor dem Anbringen neuer Tapeten stattfinden.

Einzug eines Leiters in ein Installationsrohr mit der Einzieh-Nylonfeder

Erforderliches Werkzeug

a) Phasenprüfer

b) kleinere Schraubendreher

c) Abisolier-Zange

d) Flachrundzange

e) Zwickzange (Seitenschneider)

f) Elektriker-Einzieh-Feder

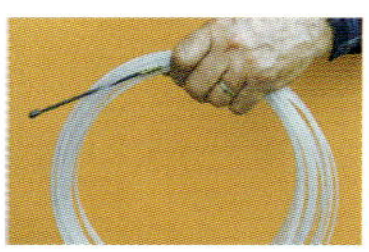

Benötigte Hilfsmittel:

Trittleiter

Benötigtes Material:

a) Neuer Elektroleiter
(Kupferdraht, isoliert)
1,5 mm², schwarz oder braun
b) Neuer Lichtschalter

Benötigte Arbeitszeit:

ca. 2 bis 4 Stunden

Schritt 1

Strom abschalten

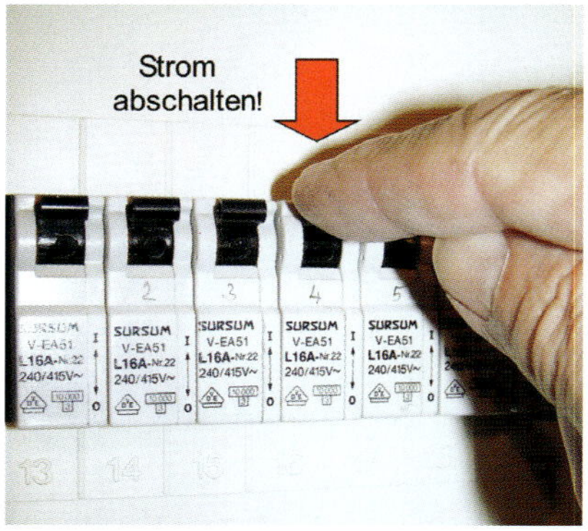

Schalten Sie den Strom am Sicherungsautomaten ab. Falls Ihr Hausnetz noch mit herkömmlichen Porzellansicherungen geschützt ist, drehen Sie die zuständige Sicherung heraus.

Schritt 2

Sicherheitskontrolle

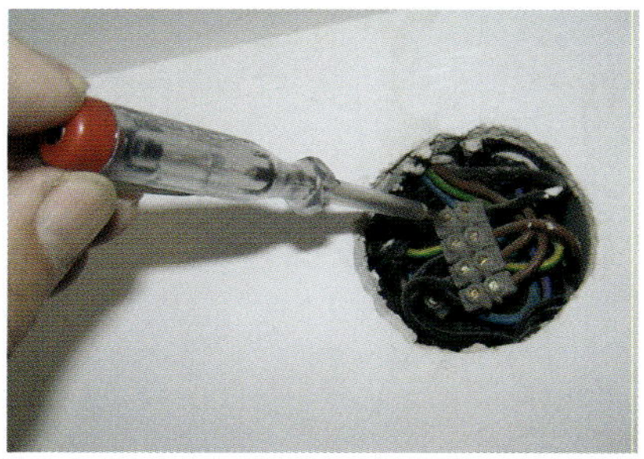

Öffnen Sie alle Abzweigdosen, die zu der Leitung vom Lichtschalter zum Deckenanschluss gehören und kontrollieren Sie mit einem Phasenprüfer nach, ob alle Verbindungsklemmen in den Abzweigdosen auch tatsächlich spannungsfrei sind. Manchmal führen durch diese Dosen auch weitere Leitungen (z.B. Zuleitungen für einige Steckdosen). Wenn diese „fremden" Leitungen mit Klemmen in den Abzweigdosen verbunden sind, dürfen diese Klemmen nicht unter Spannung sein. Falls dem so ist, dann schalten Sie den Strom zu diesen Leitungen ebenfalls ab.

Schritt 3

Demontage

Öffnen Sie die Abdeckung des Lichtschalters, der demontiert und ersetzt werden soll. Die Abdeckung von einem alten Lichtschalter kann noch mit einer oder zwei sichtbaren Schrauben befestigt sein. Die Abdeckungen modernerer Lichtschalter sind in dem Schaltergehäuse nur eingeklemmt und können aus dem Schalter z.B. wie abgebildet auf die Weise herausgezogen werden, dass der ganze Rahmen des Schalters mit Einsatz von gemäßigter Gewalt einfach aus seiner Unterputz-Dose (aus der Wand) herausgezogen wird.

Schritt 4

Schalter abschrauben

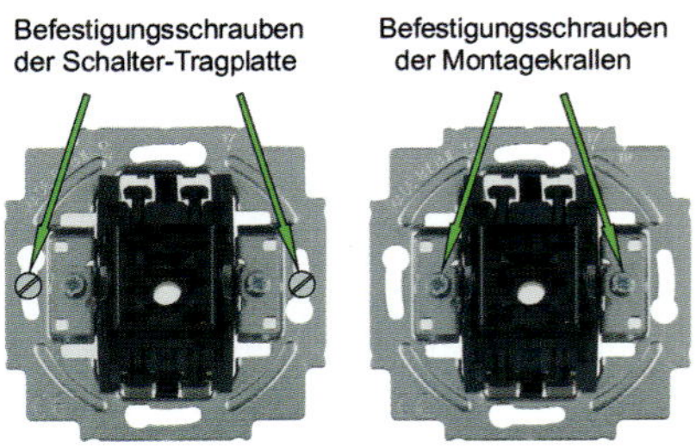

Nachdem der Lichtschalter offen ist, kann er aus der Geräte-Wanddose herausgeschraubt werden. Bei einigen Schaltern müssen zu diesem Zweck zwei Befestigungsschrauben oben an der Montageplatte – wie links abgebildet – abgeschraubt werden, bei anderen Schaltern sind die zwei rechts abgebildeten Schrauben der Montagekrallen etwas aufzuschrauben (zu lockern), mit denen der Schalter gegen die Innenwand der Gerätedose eingeklemmt ist.

Schritt 5

Alles Spannungsfrei?

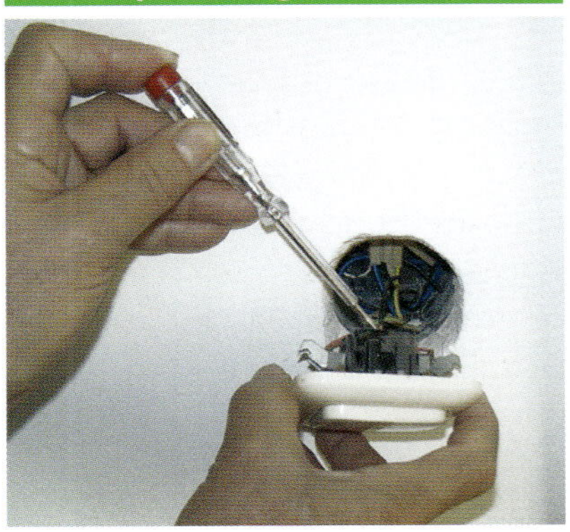

Achten Sie beim Herausnehmen des Lichtschalters darauf, ob die kahlen Enden der elektrischen Leiter bzw. ihre Befestigungsschrauben sichtbar sind und berührt werden könnten. Wenn ja, kontrollieren Sie auch hier mit einem Phasenprüfer nach, ob sie tatsächlich spannungsfrei sind. Bei moderneren (und richtig installierten) Lichtschaltern sind keine Verschraubungen der Leiter sichtbar: Die abisolierten Enden der Leiter sind in federnde Klemmen nur eingesteckt und können durch kräftigeres Eindrücken der einzelnen Klemmen – wie oben abgebildet – gelöst und aus dem Schalter herausgezogen werden.

Ziehen Sie die Leiter aus den beiden Klemmen erst nur so weit heraus, dass jeweils der abisolierte kupferne Teil mit einem Phasenprüfer berührt werden kann, um zu kontrollieren, ob er auch tatsächlich spannungsfrei ist. Sollten Sie einen Phasenprüfer besitzen, der die Netzspannung kontaktlos anzeigt, entfällt diese „Zwischenmessung" an den abisolierten Enden der Leiter.

Schritt 6

Einziehen eines Leiters

Nun ist das Einziehen des neuen Leiters an der Reihe. Man fängt am besten mit der Sektion des Leuchtenanschlusses (Anschlussrohr „C", Abzweigdose 2 in Abb. 17) an. Die Einzieh-Feder wird z.B. durch die Öffnung des Deckenanschlusses in das Anschlussrohr „C" hineingesteckt und so weit hinein geschoben, bis sie in der

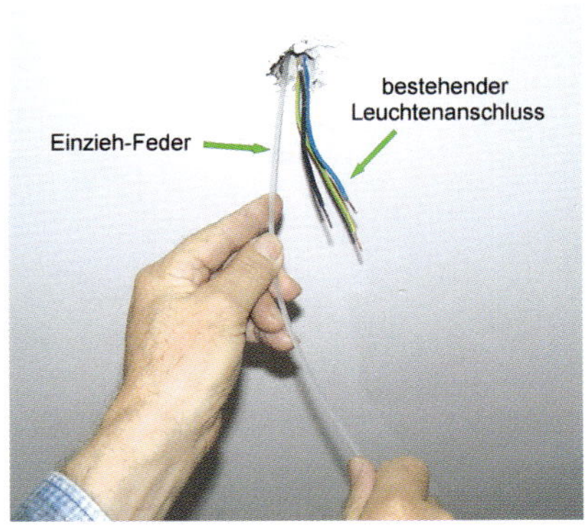

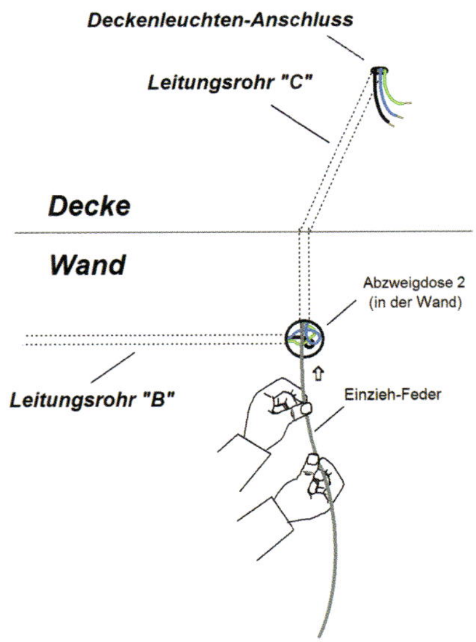

Abzweigdose 2 erscheint. Alternativ kann die Einzieh-Feder von der anderen Seite aus (von der Abzweigdose 2) in das Rohr hinein geleitet werden – je nachdem, von welcher Seite aus sich die Feder am leichtesten durch das Rohr durchführen lässt.

Einzug eines Leiters in ein Installationsrohr mit der Einzieh-Nylonfeder

Schritt 7

Befestigen des Leiters

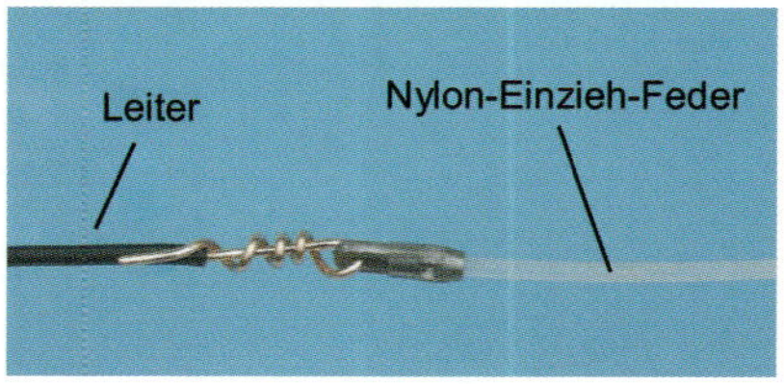

Nachdem die flexible Spitze der Einzieh-Feder auf der anderen Seite des Anschlussrohres herausragt, kann der zusätzliche Leiter, der eingezogen werden soll, an ihr befestigt werden (wie auf dem Foto abgebildet). Achten Sie beim Verbinden des Leiters mit der Einzieh-Feder darauf, dass die kupferne Leiterader möglichst glatt anliegend aufgewickelt wird, um beim Hineinziehen in das Rohr nicht als eine Bremse zu wirken, bzw. um nicht die Isolation der anderen Leiter zu beschädigen. Ziehen Sie anschließend auf dieselbe Weise die Einzieh-Feder und den mit ihr verbundenen neuen Leiter durch die restlichen Anschlussrohre (**A** und **B** aus Abb. 14) bis in die Schalter-Gerätedose weiter hinein. Danach können Sie ihn von der Einzieh-Feder abzwicken oder abwickeln und „befreien".

Schritt 8

Leiter verlegen

Wenn es der Platz in den Abzweigdosen 1 und 2 erlaubt, dann verbiegen Sie in ihnen den neuen Leiter – wie unter der Überschrift „**günstig**" abgebildet – etwas ringförmig, um eine gewisse Reserve in der Leiterlänge zu erzielen. Manchmal

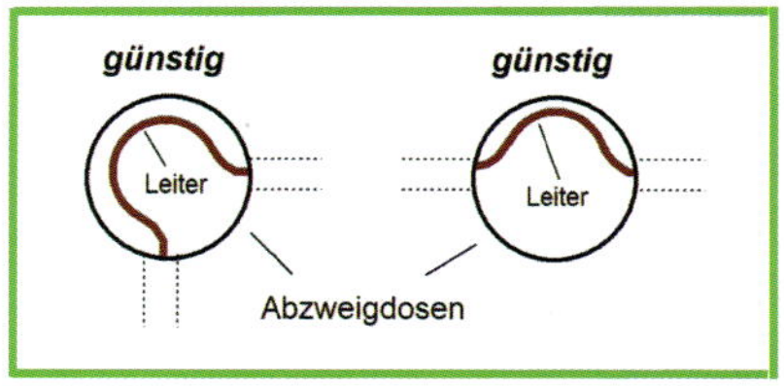

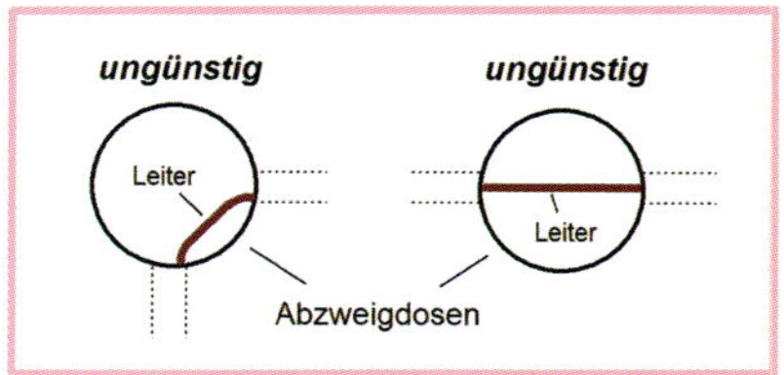

bricht nämlich das abisolierte Kupferende des Leiters bei mehrmals wiederholter Montage ab, oder es wird ein anderer Lichtschalter (Lichtdimmer) montiert und der Leiter erweist sich als zu kurz. Da ist es von Vorteil, wenn der Leiter über solche „stillen Reserven" in den Abzweigdosen verfügt (wobei nur einige cm als Reserve ausreichen).

Schritt 9

Leiter anschließen

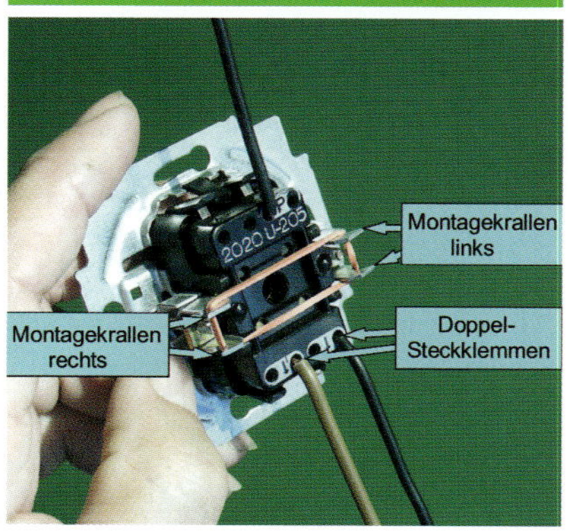

Kürzen Sie nun den neuen Leiter ungefähr auf die Länge der anderen Leiter – bzw. auf eine Länge, bei der sich der Leiter in der Gerätedose noch problemlos unterbringen lässt (zwicken Sie ihn mit einem Seitenschneider ab), und isolieren Sie mit einer Isolierzange sein Ende ab. Wenn der alte Lichtschalter mit Schraubklemmen versehen war und der neue Schalter nur Einsteckklemmen hat, müssen alle Leiter etwas länger abisoliert werden, weil die Einsteckklemmen ziemlich tief im Schalter sitzen. Probieren Sie vorher mit einem Stück Draht, wie tief er sich in die Klemmen des neuen Schalters hineindrükken lässt (er sollte bis auf Anschlag hineingedrückt werden). Manche Schalter sind sogar mit Markierungen versehen, die die erforderliche Länge des abisolierten Kupferkernes anzeigen.

Schritt 10

Alles in Butter

Montieren Sie den neuen Lichtschalter und die Deckenleuchte, schließen Sie die Abzweigdosen mit den federnden Deckeln – wie abgebildet – ab und schalten Sie den Strom (im Verteilerschrank) wieder ein. Die eigentliche Montage des Lichtschalters und der Deckenleuchte wird auf Seite 44 bzw. Seite 46 detailliert erläutert.

Einziehen zusätzlicher Leiter in ein Installationsrohr ohne Einzieh-Feder

Erforderliches Werkzeug

a) Phasenprüfer

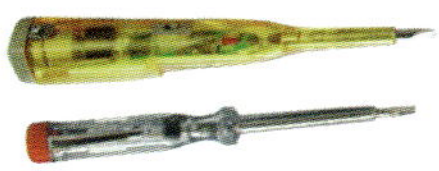

b) kleinere Schraubendreher

c) Abisolier-Zange

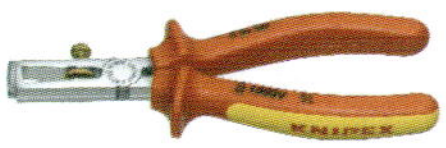

d) Flachrund- oder Kombizange

e) Zwickzange (Seitenschneider)

Benötigte Hilfsmittel:

Trittleiter

Benötigtes Material:

a) Neuer Elektroleiter
(Kupferdraht, isoliert)
1,5 mm², schwarz oder braun
b) Neuer Lichtschalter

Benötigte Arbeitszeit:

ca. 2 bis 4 Stunden

<Schritt 1 bis Schritt 5

Und los geht´s

Siehe die Beschreibung bei den Schritten 1 bis 5 des vorhergehenden Themas („Einzug eines Leiters in ein Installationsrohr mit Hilfe der Einzieh-Nylonfeder“)

Schritt 6

Drähte verbinden

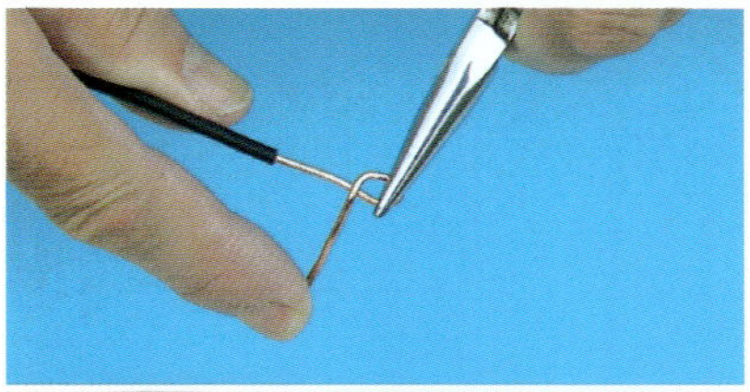

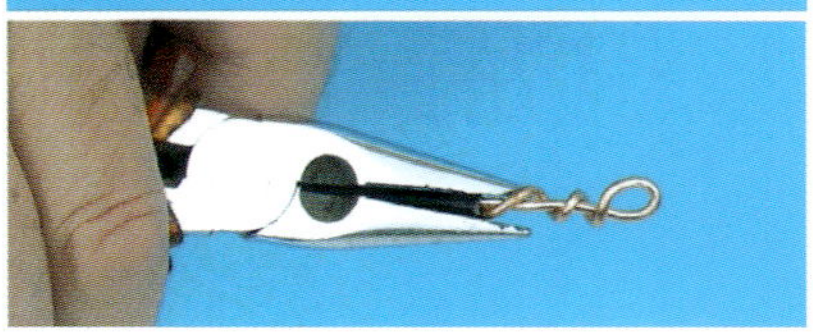

Nun wäre das Einziehen des neuen Leiters an der Reihe. Da wir hier als „Einzieh-Draht“ den bestehenden (schwarzen) Leiter verwenden wollen, der vom Lichtschalter zu dem Leuchtenanschluss in der Decke führt, müssen wir an seiner Stelle noch einen zweiten neuen Leiter in die Leitungsrohre hineinziehen.

Nachdem Sie sich vorher durch sanftes Ziehen an den Leitern vergewissert haben, dass Sie auch tatsächlich den richtigen Leiter als „Einzieh-Leiter“ identifiziert haben, isolieren Sie diesen an der Seite des Leuchtenanschlusses etwa 6 bis 8 cm lang ab und erstellen an dem abisolierten Ende eine Öse – wie abgebildet.

Schritt 7

Zum Einziehen bereit:

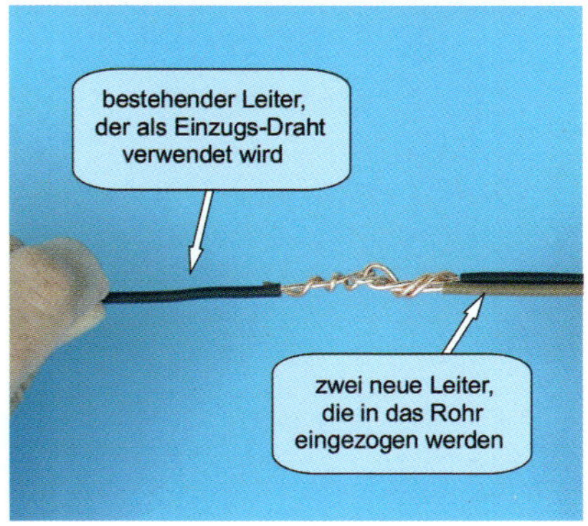

Bereiten Sie nun die zwei neuen Leiter für das Einziehen in die Installationsrohre vor: Erst wird die Länge ausgemessen, danach können die Leiter mit einem Seitenschneider (Zwickzange) auf die passende Länge abgeschnitten werden (zweimal Messen und danach etwas „großzügiger“ Schneiden ist angesagt). Anschließend werden die Drahtenden der beiden Leiter an einer Seite ca. 8 cm lang abisoliert und wie abgebildet mit der Öse am „Einzieh-Draht“ ausreichend fest und glatt anliegend verbunden. Auch hier ist darauf zu achten, dass sich die ganze Verbindung der drei Leiter beim Einziehen nicht als eine Bremse auswirkt und dass die spitzen Enden der Kupferdrähte die anderen Leiter in den Rohren nicht beschädigen. Gehobene Vorsicht ist vor allem dann angebracht, wenn sich in den Leitungsrohren auch noch weitere Leiter (für andere Anschlüsse) befinden, wodurch das Einziehen schwieriger wird und mit etwas mehr Kraftaufwand verbunden ist.

Einziehen zusätzlicher Leiter in ein Installationsrohr ohne Einzieh-Feder

Schritt 8

Einziehen des Leiters

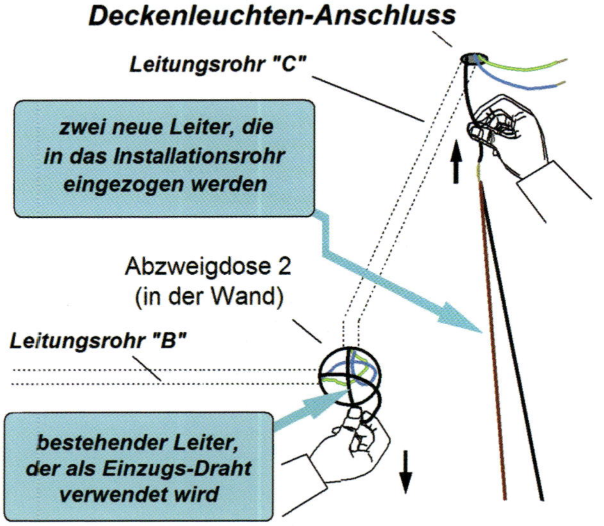

Fangen Sie mit dem Einziehen der Leiter in das Leitungsrohr „C" an – wie abgebildet. Sie kommen dabei in den meisten Fällen ohne eine zweite „helfende Hand" nur schwer zurecht, denn die neuen Leiter müssen während des Hineinziehens etwas geführt werden. Das gilt auch für das Einziehen der Leiter in die Leitungsrohre „**B**" und „**A**" (siehe hierzu Abb. 14). Wenn es der Platz in den Abzweigdosen **1** und **2** erlaubt, dann verbiegen Sie in ihnen den neuen Leiter etwas ringförmig, um eine gewisse Reserve in der Leiterlänge zu erzielen – wie unter der Überschrift „**günstig**" bei Schritt 8 im vorhergehenden Kapitel („Einziehen eines Leiters in ein Installationsrohr mit Hilfe einer Einzieh-Nylonfeder") abgebildet ist.

Schritt 9

Leiter anschließen

Kürzen Sie nun die neuen Leiter ungefähr auf die Länge der anderen Leiter – bzw. auf eine Länge, bei der sich die Leiter in der Gerätedose noch problemlos unterbringen lassen und isolieren Sie mit einer Isolierzange sein Ende ab. Wenn der alte Lichtschal-

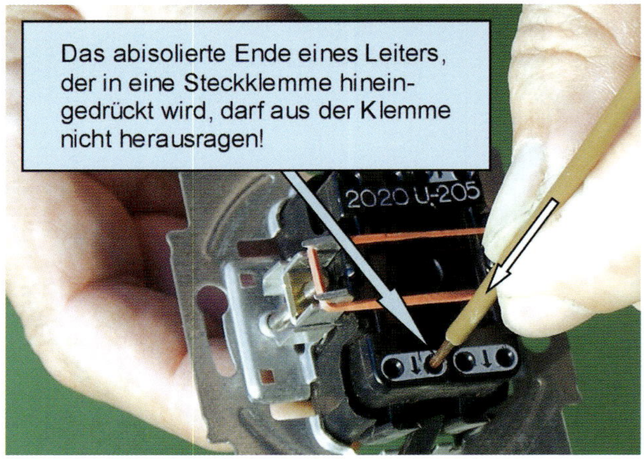

ter mit Schraubklemmen versehen war und der neue Schalter nur Einsteckklemmen hat, müssen alle Leiter etwas länger abisoliert werden, weil die Einsteckklemmen ziemlich tief im Schalter sitzen. Probieren Sie vorher mit einem Stück Draht, wie tief er sich in die Klemmen des neuen Schalters hineindrücken lässt. Manche Schalter sind sogar mit Markierungen versehen, die die erforderliche Länge des abisolierten Kupferkernes anzeigen.

Schritt 10

Montage

Montieren Sie den neuen Lichtschalter und die Deckenleuchte, schließen Sie die Abzweigdosen und schalten Sie den Strom (im Verteilerschrank) wieder ein. Die eigentliche Montage des Lichtschalters und der Deckenleuchte wird auf Seite 46 bzw. Seiten 23 bis 29 detailliert erläutert.

Provisorische Beleuchtung neu bezogener Räume

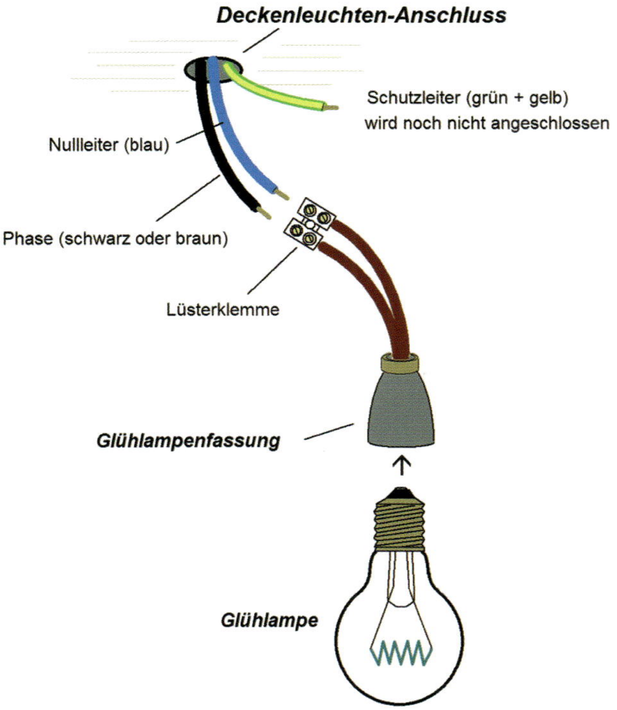

Abb. 19: Als provisorische Deckenbeleuchtung können einfach nur Glühlampen in Fassungen an die elektrischen Leiter in der Decke angeschlossen werden.

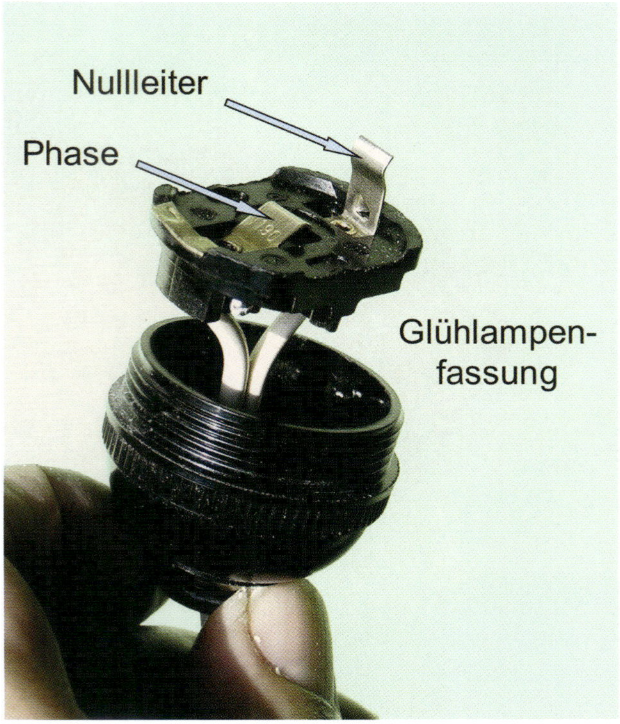

Abb. 20: Innenanordnung der Kontakte einer geöffneten Glühlampenfassung

Sie haben vor, eine neue Wohnung zu beziehen und verfügen über keinen Vorrat an Deckenleuchten? Kaufen Sie sich erst einige preiswerte Glühlampenfassungen, evtl. auch noch ein paar Lüsterklemmen und hängen Sie die Glühlampen nur mit den Fassungen provisorisch nach Abb. 19 auf. Sie gewinnen somit genügend Zeit, um sich mit Muße nach passenden Deckenlampen umzusehen. Die Glühlampen sind leicht und können daher nur von den Lüsterklemmen und den elektrischen Leitern (Drähten) gehalten werden. Der Schutzleiter wird hier nicht angeschlossen. Sie brauchen ihn in diesem Fall auch nicht zu isolieren, aber biegen Sie ihn so aus, dass er nicht versehentlich mit den anderen Leitern in Berührung kommen und einen Kurzschluss verursachen kann.

Es ist von Vorteil, wenn die Phase der Versorgungsspannung bei der Glühlampenfassung an den Kontakt unten in der Mitte (nach Abb. 20) angeschlossen ist. Die Glühlampe leuchtet zwar auch dann intakt, wenn die Polarität der Anschlüsse verwechselt ist, aber wenn die Phase am Gewinde der Glühlampe angeschlossen ist, erhöht sich die Gefahr, dass man beim Putzen oder Auswechseln der Glühlampe ihr Gewinde berührt und einem Schlag bekommt. Das kann zwar nur dann vorkommen, wenn die Glühlampe eingeschaltet ist, aber bei einer defekten Glühlampe ist nicht deutlich ersichtlich ob sie gerade eingeschaltet oder ausgeschaltet ist.

Deckenleuchten abnehmen

Erforderliches Werkzeug

a) Phasenprüfer

b) kleinere Schraubendreher

Benötigte Hilfsmittel:

Trittleiter

Benötigte Arbeitszeit:

ca. 10 Minuten

Bevor eine neue Deckenleuchte installiert wird, muss – mit Ausnahme von Neubauten – die alte Leuchte demontiert werden. Der eigentliche „Arbeitsaufwand" ist sehr gering und zudem für fast alle Deckenleuchter identisch. Wir können ihn daher in einzelne Schritte einteilen und diese näher erklären:

Schritt 1

Strom ausschalten

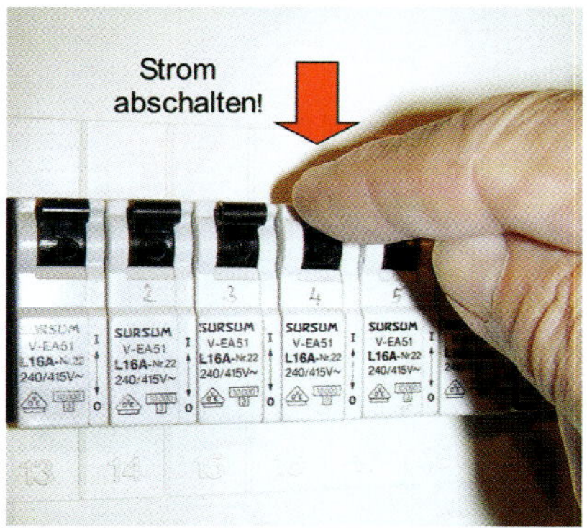

Schalten Sie den Strom ab! Wo? Theoretisch dürfte es genügen, wenn Sie in diesem Fall nur den Lichtschalter ausschalten, denn über ihn müsste vorschriftsgemäß die „beißende" Phase zu der Leuchte führen – vorausgesetzt, dass es derjenige, der es installierte, berücksichtigt hat. Verlassen Sie sich dabei auf keinen Fall blind darauf, dass der Lichtschalter auch tatsächlich die Phase abschaltet, denn er funktioniert genau so gut, wenn er den Nullleiter ein- und ausschaltet. Die Phase ist in dem Fall an einer der Lüsterklemmen – und somit an einem der Leiter, die aus der Decke herausführen – trotzdem vorhanden. Ein Phasenprüfer verschafft hier zwar „letztendlich" die Gewissheit, aber wenn Sie dieses Anliegen bei Tageslicht erledigen können, ist es einfacher, den zuständigen Sicherungsautomaten im Verteilerschrank abzuschalten.

Schritt 2

Baldachinabdeckung

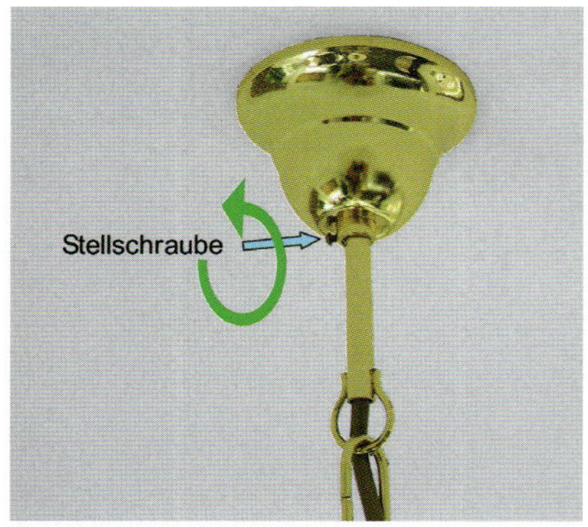

Um sich den Zugang zu den Lüsterklemmen zu verschaffen, müssen Sie die Stellschraube an dem unteren Ring der Baldachinabdeckung etwas aufschrauben, wonach sich die Abdeckung an der Leuchtenstange nach unten verschieben lässt.

Schritt 3

Spannungskontrolle

Kontrollieren Sie mit einem Phasenprüfer (Neon-Phasenprüfer), ob alle Lüsterklemmen auch tatsächlich spannungsfrei sind. Vergewissern Sie sich aber vorher – z.B. durch einen Test an einer Steckdose, die unter Spannung ist – dass Ihr Phasenprüfer auch tatsächlich intakt ist und dass Sie

Deckenleuchten abnehmen

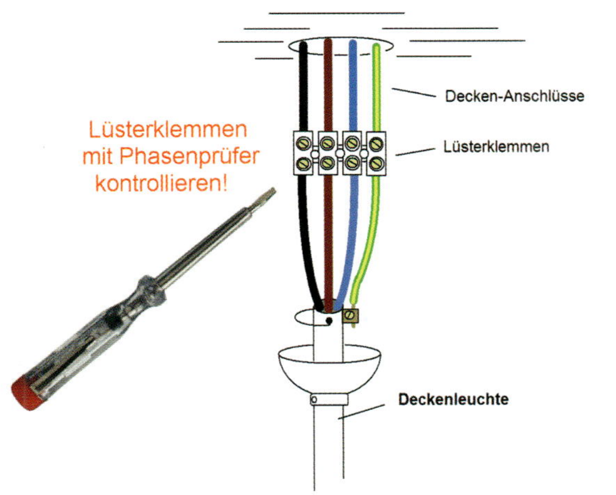

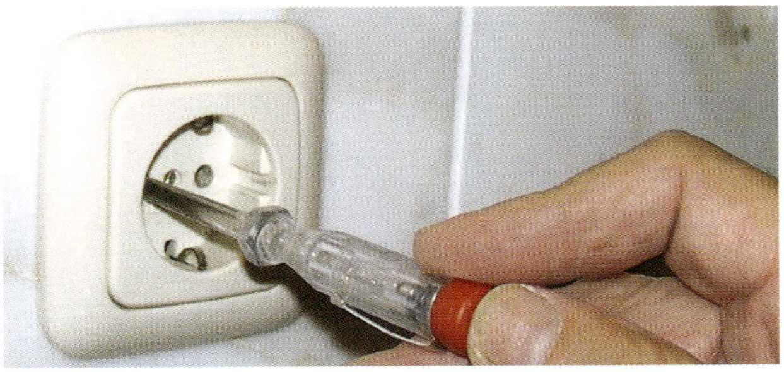

bei den gerade herrschenden Lichtverhältnissen das Licht der Neonleuchte auch wirklich gut sehen können – bzw. sehen könnten, wenn eine der Lüsterklemmen noch unter Spannung wäre. Alles in Ordnung? Wirklich? Dann kann die Demontage losgehen.

Bemerkung:

Nicht alle Deckenleuchten sind an der Decke nur aufgehängt: einige sind aufgeschraubt und manche sind sogar in der Decke eingebaut. Die Demontage solcher Leuchten verläuft zwar in ähnlichen Schritten, wie sie hier gerade erläutert wurden, aber je nach der Type einer „nicht aufgehängten Deckenleuchte" muss die Reihenfolge der mechanischen Vorarbeiten auf die Konstruktion abgestimmt werden. Sehen Sie sich einfach eine solche Leuchte genauer an und suchen Sie nach den Schrauben, die als erste entfernt werden müssen, um in das Innere der Leuchte und somit an ihre Stromanschluss-Klemmen heranzukommen. Der eigentliche Vorgang bei einer solchen Demontage dürfte auch mit Hilfe der diversen Montagehinweise ausreichend erläutert werden.

Schritt 4

Lüsterklemme aufschrauben

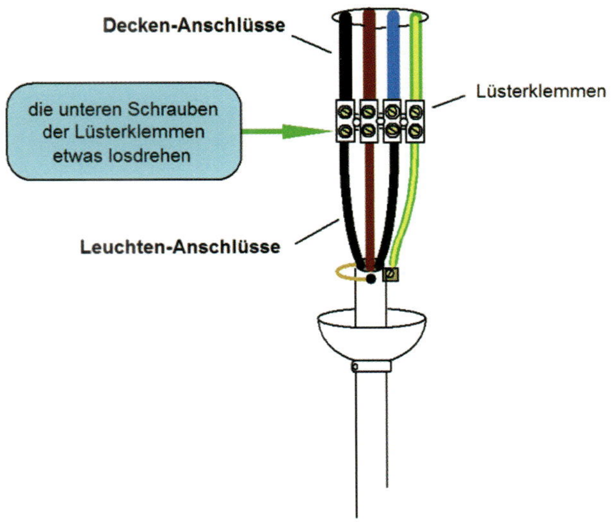

Drehen Sie die Schrauben der Lüsterklemmen an der Seite der Leuchtenzuleitungen so weit auf, dass sich die einzelnen Leiter (die in die Leuchte hineinführen) nach und nach aus den Klemmen herausziehen lassen. Die Lüsterklemme bleibt an der Decke vorerst hängen. Wenn die neue Leuchte eigene Lüsterklemmen hat (was nicht immer der Fall ist), können die alten Lüsterklemmen demontiert werden. Andernfalls wird an sie die Leuchte angeschlossen.

Schritt 5

Leuchte abnehmen

Jetzt können Sie die Leuchte aus dem Deckenhaken heraushängen und abnehmen. Wenn Sie nun die Leuchte einem Assistenten überreichen können, erleichtert es Ihnen natürlich den Abstieg von der Trittleiter. Andernfalls dürfen Sie sich an den bekannten Slogan „Runter kommen Sie immer" halten. Aber bitte nicht vergessen: Gerade bei diesem Teil der Heimwerkertätigkeiten kommt es zu den meisten Verletzungen.

Leuchten an Betondecken anschrauben

Erforderliches Werkzeug

a) Phasenprüfer

b) Leitungs- & Metall-Sucher

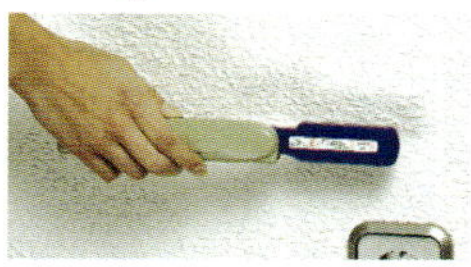

c) Schlagbohrmaschine

d) passende Betonbohrer

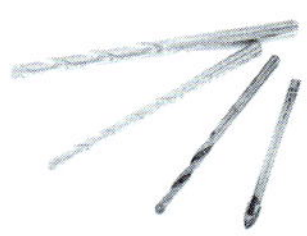

e) passende Schraubendreher

Benötigte Hilfsmittel:

a) Trittleiter
b) Kleine Pappkarton-Dose

Benötigtes Material

a) Kunststoffdübel
b) Passende Schrauben
c) Maler-Abklebeband

Benötigte Arbeitszeit:

ca. 1 Stunde

Viele Deckenleuchten, darunter auch verschiedene größere Leuchtstofflampen, sind nicht für das Aufhängen, sondern für direktes Anschrauben (mit zwei bis vier Schrauben) an die Decke ausgelegt.

In Betondecken müssen zu diesem Zweck Dübel (Kunststoffdübel) für die Befestigungsschrauben der Leuchte eingesetzt werden. Für die meisten Deckenleuchten reichen normale (Ø 5 bis 6 mm) Kunststoffdübel aus. Üblicherweise wird dann an die Decke nur der Boden der Leuchte befestigt. Dieser kann bevorzugt als Schablone für die Markierung der Bohrungen für die Dübel verwendet werden. Die größten Probleme kann bei einem solchen Anliegen die Stahlarmierung in den Betondecken verursachen. Wenn Sie sich nicht nur auf das Glück verlassen möchten, dass Sie nicht gerade dort in die Betondecke hineinbohren werden, wo ein dickes Betoneisen im Wege steht, können Sie in folgenden Schritten vorgehen:

Schritt 1

Alles spannungsfrei?

Vergewissern Sie sich mit Hilfe eines Phasenprüfers, dass die Leiter des Leuchtenanschlusses wirklich spannungsfrei sind.

Schritt 2

Metallsucher

Suchen Sie mit einem Leitungs-& Metallsucher das Armierungs-Stahlnetz in der Betondecke in dem Bereich ab, in dem Sie die Schrauben für die Leuchte anbringen möchten. Die unsichtbaren Betoneisenstäbe haben oft nur einen Durchmesser von ca. Ø 8 bis Ø 12 mm und sind im Beton meistens in einem Abstand von etwa 15 bis 20 cm als „Karomuster" eingegossen (man hat somit hypothetisch eine Ausweichmöglichkeit). Die hier angegebenen Maße sind nur informativ und dienen nur der leichteren Erklärung, weshalb sich die Betondecke an mancher Stelle leicht und an anderer Stelle sehr schwer bohren lässt. An den Stahlmatten-Überlappungsstellen können dickere Stahlstränge oder schwerere Betonarmierungen das Bohren erschweren.

Leuchten an Betondecken anschrauben

Schritt 3

Stahlmattenverlauf

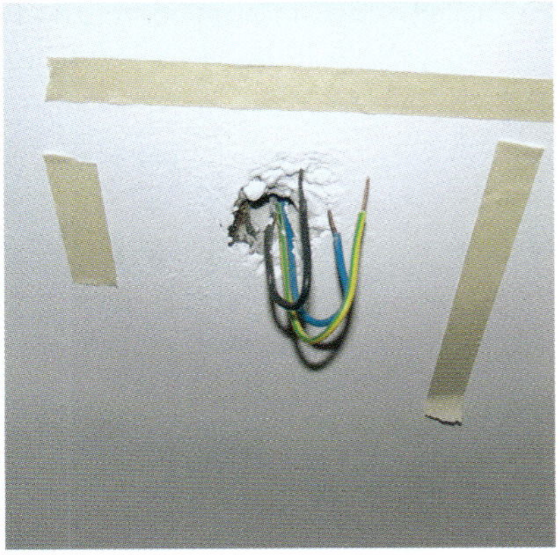

Markieren Sie sich – am besten mit einem „Maler-Klebeband" – die Linien, unter denen die Stangen der Betonstahlmatten einbetoniert sind. Sie können danach diesen unerwünschten Hindernissen im Beton ausweichen. Das Bohren kann trotzdem noch ziemlich anstrengend sein und setzt vor allem dann viel Geduld voraus, wenn Sie das Pech haben, dass ein harter Stein im Wege steht. Wenn Sie die Löcher jeweils erst mit einem kleineren Betonbohrer von z.B. Ø 4 mm vorbohren, wird es Ihnen die Arbeit erleichtern. Je kräftiger die Schlagbohrmaschine und je schärfer der verwendete Betonbohrer sind, desto leichter lässt sich ein solches Anliegen bewältigen. Wenn (dennoch) Betonstahl im Wege steht, hilft oft auch der beste Betonbohrer nichts. In dem Fall kann ein normaler Stahlbohrer den Weg freimachen. Er wird dabei zwar vernichtet, aber es stellt dennoch die einfachste Lösung dar.

Schritt 4

Betonstaub abfangen

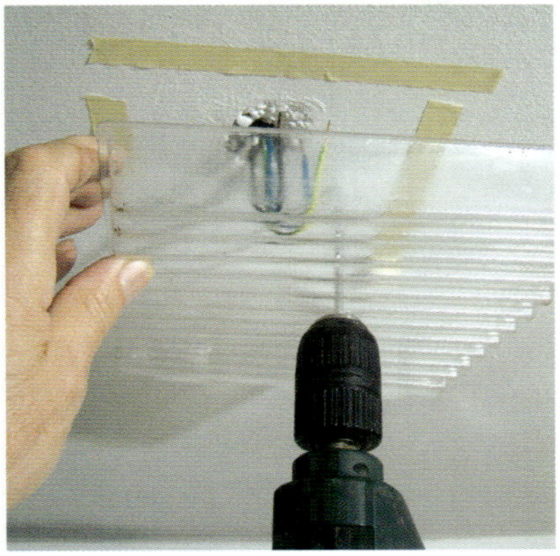

Mit einer Kunststoff- oder Pappdose, durch deren Boden Sie ein Loch für den Steinbohrer durchbohrten, können Sie – wie abgebildet – den Betonstaub abfangen. Sollte sich die Betondecke an einer Stelle zu hartnäckig gegen das Bohren wehren, kann es sich lohnen, wenn Sie in den Lampenboden, der an die Decke angeschraubt werden soll, woanders ein neues Loch für die Befestigung bohren, falls es keine andere Ausweichmöglichkeit gibt.

Bohren Sie die Löcher erst mit einem dünneren Betonbohrer von z.B. Ø 4 mm vor. Passen Sie die Tiefe dieser Vorbohrung an die Länge der vorgesehenen Montageschrauben an und bohren Sie dabei nicht tiefer als nötig. Für die „laufende Kontrolle" der Tiefe der Bohrungen können Sie ein Stück Draht so zubiegen, dass er als „Messsonde" mit der Länge der Schraube übereinkommt – wie bei der folgenden Abbildung links eingezeichnet ist:

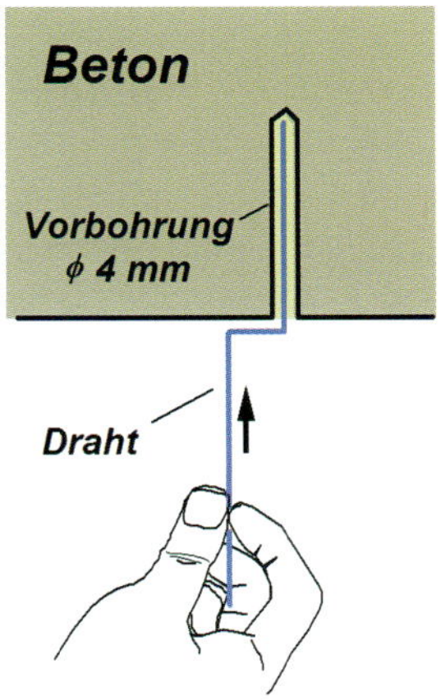

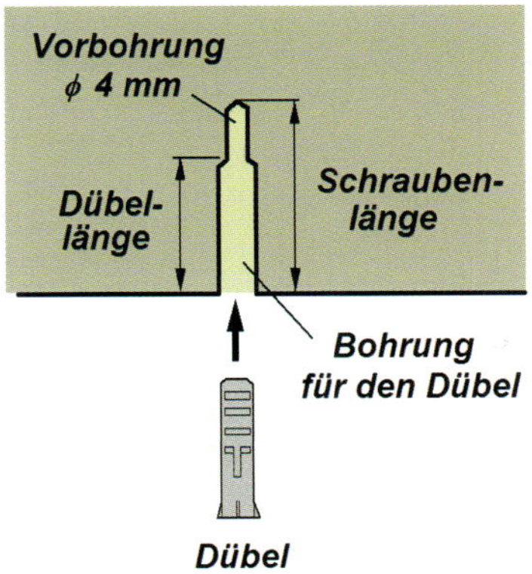

Bei der anschließenden Montage der Leuchte richten Sie sich entweder nach Ihrer Erfahrung oder nach Herstellerhinweisen im Beipackzettel der Leuchte. Ansonsten können Sie sich auch nach unseren Abb. 6 und 8 (auf Seite 19) richten.

Wenn Sie für die Lampenmontage Kunststoffdübel der Größe Ø 5 oder Ø 6 mm verwenden, können Sie die Tiefe der anschließenden Bohrungen nur an die Länge der Dübel anpassen. Für die Schrauben genügen die Vorbohrungen von Ø 4mm – wie rechts abgebildet.

Deckenleuchten einbauen

Deckenleuchten werden meistens nur in Rigips- oder Holzdecken eingebaut. Bei Holzdecken, die jedoch nur auf Betondekken angeschraubt sind, ist das Anbringen von zusätzlichen Verbindungsleitungen (Kabeln) manchmal ziemlich schwierig oder sogar unmöglich. Der Problemschwerpunkt liegt bei dem zur Verfügung stehenden Zwischenraum und seiner Einteilung.

Den ersten Stolperstein kann eine unzulängliche Einbautiefe für die vorgesehenen Lampen darstellen. Der zweite Stolperstein liegt darin, dass bei einer Dielendecke in solchem Fall oft nur in den Hohlraum zwischen zwei Latten eine leitende Verbindung gelegt werden kann. Wo genau bei einer Dielendecke die Latten verlaufen, lässt sich im Nachhinein nur mit einem kleinen elektronischen Balkenfinder ermitteln. Der Lattenverlauf kann dann z.B. mit einem leicht abnehmbaren Maler-Abklebeband markiert werden.

Der mechanische Teil der Arbeiten (das Aussägen der runden Löcher für die Lampen mit z.B. einer Stich- oder Lochsäge) stellt gewisse Ansprüche an das handwerkliche Können und an die Werkzeugausstattung, da es sich um eine Arbeit handelt, die oft unter unbequemen Bedingungen stattfindet.

Wie die elektrischen Verbindungen zu den Lampen ausgelegt werden, hängt von der Anzahl der Lampen (bzw. Lampensektionen) und den baulichen Gegebenheiten ab. Wenn der Raum oberhalb der Decke zugänglich ist, können die Hauptzuleitungen (Feuchtraumkabel „NYM-J" und Feuchtraum-Abzweigdosen) problemlos oben verlegt werden. Die Abzweigdosen (Verbindungsdosen) sollten hier jedoch leicht zugänglich sein und eventuell zusätzlich in der Wand untergebracht werden.

Der Elektroanschluss der Leuchten wird ähnlich ausgeführt, wie z.B. bei den Wandleuchten. Achten Sie bitte aber darauf, dass hier das Zuleitungskabel lang genug bleibt, um die Leuchte bei Bedarf aus der Decke ausreichend weit herausziehen zu können.

Hinweis:

Insbesondere bei eingebauten Deckenlampen überhalb von brennbaren Materialien (Holzbalken, Holzlatten) verdient die Berücksichtigung der Brandgefahr eine gehobene Aufmerksamkeit. Am kritischsten ist dabei die Wärmeentwicklung der Lampen, die eine angemessene Kühlung benötigt – wobei darauf zu achten ist, dass die maximale Glühbirnen-Leistung (die auf der Lampe angegeben ist) nicht überschritten wird.

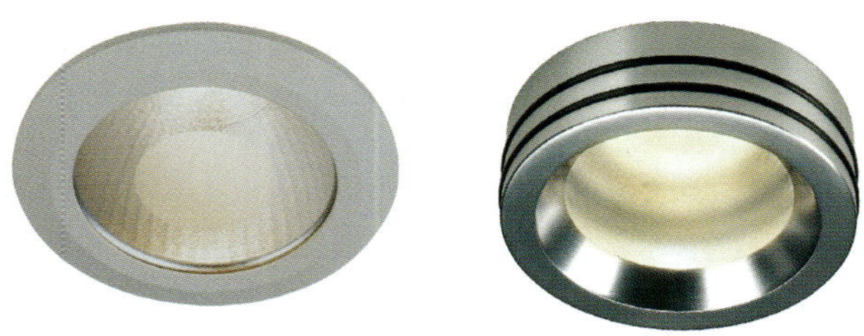

Abb. 21: Einbau-Deckenleuchten: flach ausgelegte Leuchten (links) benötigen eine größere Einbautiefe als hervorstehende Leuchten (rechts)
Foto/Anbieter Conrad Electronic

Abb. 22: Ausführungsbeispiel einer Wohnzimmerdecke mit Einbau-Deckenleuchten

Halogen-Deckenleuchten

Halogen-Deckenleuchten sind als Einbauleuchten/Einbaustrahler oder als Leuchten, die nur an die Decke angeschraubt werden, in einer großen Auswahl erhältlich. Früher hat es Halogenlampen bzw. Halogenleuchten (als komplette Leuchtkörper) nur für eine 12-Volt-Versorgungsspannung gegeben. Gegenwärtig gibt es neben den 12-Volt-Halogenlampen (bzw. Leuchten) auch noch Lampen, die direkt an die 230-Volt-Netzspannung angeschlossen werden können.

NV-Halogenlampen (Niedervolt-Halogenlampen) sind für eine 12-Volt-Versorgungsspannung ausgelegt und benötigen beim Anschluss an eine „normale" 230-V-Netzspannung einen zusätzlichen Transformator (nach Abb. 24), der die Netzspannung auf die erforderlichen 12 V- transformiert.

Halogenlampen können nicht in Serie, wohl aber parallel – wie in Abb. 24 gezeigt – betrieben werden. Sowohl bei einem Anschluss nach Abb. 24 als auch beim Anschluss einer einzigen Halogenlampe ist darauf zu achten, dass die Leistung des Halogen-Transformators (die manche Hersteller in Watt **[W]**, andere in Voltampere **[VA]** angeben), mit der Gesamtleistung der angeschlossenen Halogen-Lampe (in Watt) zumindest übereinkommt.

Ist der Transformator unterdimensioniert, heizt er sich zu sehr auf und verbrennt. Gegen eine Überdimensionierung ist dagegen vom technischen Standpunkt nichts einzuwenden. Eine zu hohe Überdimensionierung, bei der z.B. für eine einzige 20-Watt-Halogenlampe ein 80-VA-Halogen-Transformator verwendet wird, erhöht jedoch geringfügig den Energieverbrauch (typenabhängig in einer Größenordnung von ca. 2 bis 4 %).

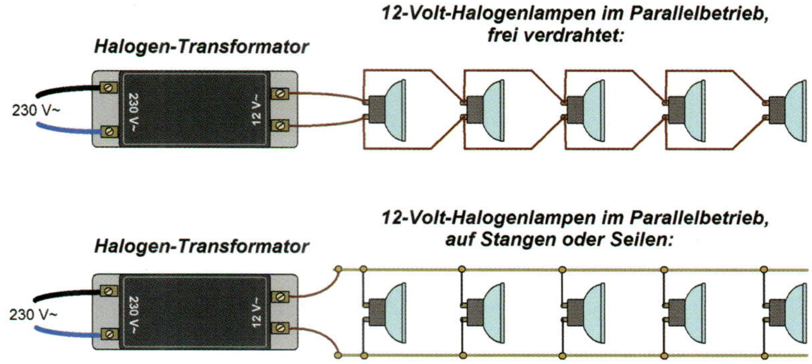

Abb. 23: 12-Volt-Halogenlampen („NV-Halogenlampen") müssen an die 230-V-Netzspannung über einen „Halogen-Transformator" angeschlossen werden.

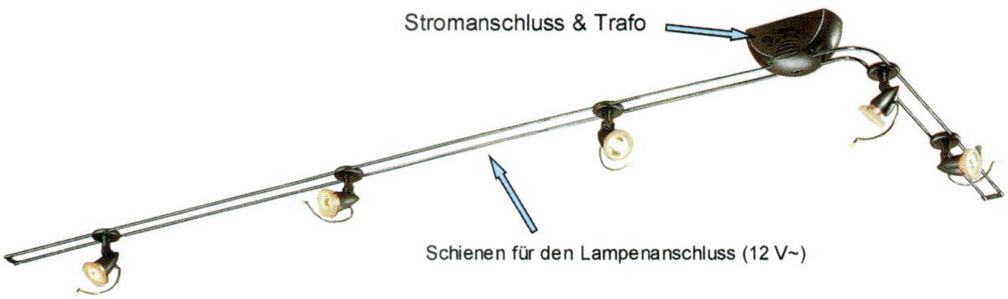

Abb. 24: Halogen-Niedervolt-Schienensystem „Ello" mit fünf 12-Volt/20-Watt-Halogenlampen (Foto/Anbieter: Conrad Electronic)

Halogenlampen („HV-Halogenlampen"), die für eine normale 230-Volt-Betriebsspannung ausgelegt sind, benötigen keinen Transformator. Sie dürfen jedoch verständlicherweise nicht mehr auf die unisolierte dekorative Stangen- oder Schienensysteme montiert werden, die für 12-Volt-Halogenlampen vorgesehen sind, sondern nur isolierte Schienensysteme verwenden, die speziell als „HV-Schienensysteme" für 230-Volt-Halogenlampen ausgelegt sind.

Im Vergleich zu normalen Glühbirnen verbrauchen Halogenlampen (bei derselben Lichtausbeute) etwa 33 bis 45 % weniger Energie. Ein Halogen-Transformator erhöht jedoch den tatsächlichen Stromverbrauch um bis zu 10 % - wodurch sich die Energieeinsparung bei Niedervolt-Halogenlampen etwas verringert.

Leuchtdioden (LED)-Deckenleuchten

Leuchtdioden (LEDs) gehören zu den modernsten, effizientesten und optisch angenehmsten Lichtquellen. Die meisten Leuchtdioden haben zudem eine sehr hohe Lebenserwartung (was jedoch nicht automatisch für alle Typen der so genannten „Leistungs-Leuchtdioden" gilt). Kleinere Leuchtdioden erzeugen auch nur sehr wenig Wärme. Dies stellt vor allem bei LED-Einbaulampen einen großen Vorteil dar.

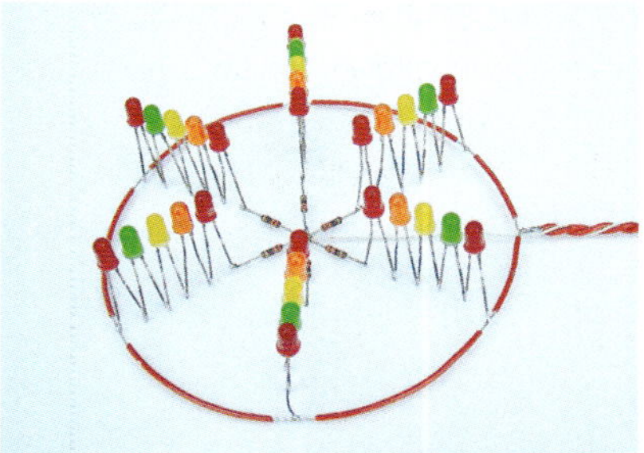

Abb. 25: Leuchtende Ornamente an Wänden oder Decken lassen sich zu beliebigen Formen und Lichtflächen aus einzelnen Leuchtdioden zusammenlöten.

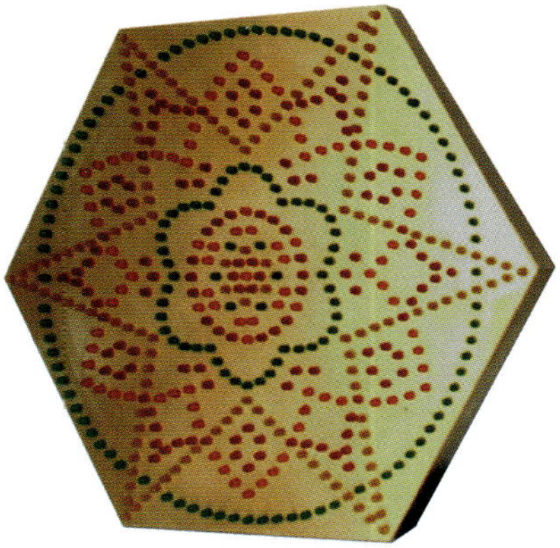

Abb. 26: Ausführungsbeispiel eines im Selbstbau erstellten „LED-Mosaik-Steines", der bei Bedarf elektronisch so gesteuert werden kann, dass seine Leuchtdioden wie ein Kaleidoskop fließend verschiedene leuchtende Schneeflocken und Sterne in einer unendlichen Schleife bilden.

Handelsübliche farbige Leuchtdioden sind als Einzelbauteile relativ preiswert. Leider ausgerechnet mit Ausnahme von Leuchtdioden, deren Lichtspektrum dem Tageslicht-Spektrum ähnelt. Das verteuert gerade die LED-Leuchten, die als Ersatz für „normale" herkömmliche Leuchtkörper am interessantesten sind.

Einzelne Leuchtdioden sind nur für Tüftler interessant, die sich ihre eigenen Leuchtkörper (oder leuchtende Zimmerdecken, Wände bzw. Decken und Wandornamente) selber bauen möchten. Die meisten der kleineren Leuchtdioden benötigen (und verkraften) nur niedrige Versorgungsspannungen (Gleichspannungen) von ca. 2 bis 3,5 Volt (typenabhängig). Sie können auch in Reihe zu beliebigen Ornamenten nach Abb. 25 oder Mosaiken (bzw. Mosaiksteinen) nach Abb. 26 geschaltet werden, bei denen sich verschiedene Lichtornamente wie bei einem Kaleidoskop gleitend (fließend) verändern.

Neben den LEDs, die als Einzelkomponenten erhältlich sind, führt der Fach- und Versandhandel auch komplette LED-Leuchten, die – ähnlich wie alle andere „230-Volt-Netzleuchten" – an die Wand oder an die Decke installiert werden können.

Abb. 27: Ausführungsbeispiel einer handelsüblichen Einbau-LED-Leuchte (Foto: Conrad Electronic)

Abb. 28: Kleine LED-Wandleuchten eigen sich gut als dekorative Zusatzbeleuchtung oder als Nachtlichter.

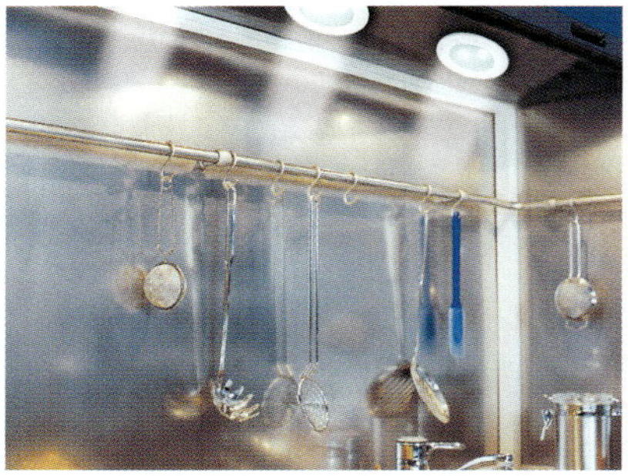

Abb. 29: Beleuchtung eines Küchenarbeitsplatzes mit Einbau-LED-Leuchten

Bemerkung:

Wenn Sie Interesse an Selbstbau von diversen LED-Lichtquellen, Mosaiken, Partybeleuchtung, weihnachtlicher Festbeleuchtung oder einfach am Experimentieren mit Leuchtdioden haben, empfehlen wir Ihnen das leicht verständliche Buch **„Experimente mit superhellen Leuchtdioden"** (ebenfalls von **Bo Hanus & Franzis Verlag**). In diesem Buch finden Sie viele interessante Selbstbau-Anleitungen und Anwendungsmöglichkeiten, die auch für Einsteiger ähnlich leicht verständlich erläutert werden wie die hier beschriebenen Themen.

Leuchtstofflampen

In Bezug auf die Montage und den Anschluss unterscheiden sich Leuchtstofflampen nicht von anderen Leuchten. Die herkömmlichen Leuchtstoffleuchten beinhalten zwar noch Kondensatoren und Drosseln (Vorschaltgeräte), aber die sind für die eigentliche Montage nicht von Bedeutung.

Von großer Bedeutung ist dagegen die Tatsache, dass praktisch alle Leuchtstofflampen zu den effizientesten Energiesparlampen gehören. Ähnlich wie gute Energiesparlampen, die als Ersatz von normalen Glühlampen (Glühbirnen) erhältlich sind, verbrauchen auch gute Leuchtstofflampen bis zu 80 % weniger elektrischer Energie als normale Glühlampen (bei derselben Lichtausbeute).

Abb. 30: Leuchtstofflampen-Beleuchtung eines Haushaltsraumes

Zu ihrem Vorteil gehört auch, dass ihr Licht fast keinen Schatten bildet. Damit eignen sie sich gut für die Beleuchtung von Küchenarbeitsplätzen, Haushaltsräumen, Garagen und Hobby-Werkstätten. Allerdings nur in der Ausführung von jeweils einem Leuchtstofflampen-Duo, bei dem zwei Leuchtstofflampen phasenverschoben arbeiten. Durch die Phasenverschiebung glättet sich das „flimmernde" Licht, dass jeweils hundertmal pro Sekunde „aufblitzt" und erlöscht (im Takt beider Sinuswellen-Hälften der Netzfrequenz). Dies erzeugt einen stroboskopischen Effekt, bei dem eine drehende Maschine als stillstehend erscheinen kann, wenn ihre Drehzahl in einem mathematisch „günstigen" Verhältnis zu der Netzfrequenz steht.

Bei einer Leuchtstofflampe mit **nur einer** Leuchtstoffröhre wird das Flimmern nicht geglättet, was sich auch auf die subjektiv wahrnehmbare Lichtqualität ähnlich auswirkt wie das Flimmern eines Films auf der Leinwand. Die so genannte Flimmerverschmelzungs-Frequenz unserer Augen liegt bei ausgeruhten Menschen und bei Kindern nur geringfügig tief unterhalb von 50 Hz (sie sinkt merkbar mit zunehmender Müdigkeit). Wenn jedoch die Lichtimpulse von zwei Leuchtstoffröhren elektrisch so verschoben werden, dass die eine Röhre mit ihren Lichtimpulsen die dunklen Lichtpausen der anderen Röhre füllt, leuchtet das Licht lückenlos. In der Praxis wird bei den Leuchtstoffleuchten zwar nicht die physikalisch erforderliche Phasenverschiebung von 180° erreicht, wohl aber zumindest eine etwas „lichtglättende" Verschiebung, bei der die dunklen Lichtpausen etwas kürzer geraten.

Im Zusammenhang mit dem Anschluss und der Inbetriebnahme einer Leuchtstofflampe interessieren uns – ähnlich wie bei allen anderen Lampen – nur die Anschlussklemmen. Diese sind in vielen Leuchtstofflampen fest montiert, üblicherweise als Lüsterklemmen nach Abb. 32 ausgelegt und im Lampeninneren leicht auffindbar (was bei einer neuen Lampe oft auch einem Beipackzettel zu entnehmen ist). Auch hier ist darauf achten, dass der Schutzleiter an die richtige Klemme angeschlossen wird.

Abb. 31 : Anwendungsbeispiel von dekorativen Leuchtstofflampen als Küchenbeleuchtung

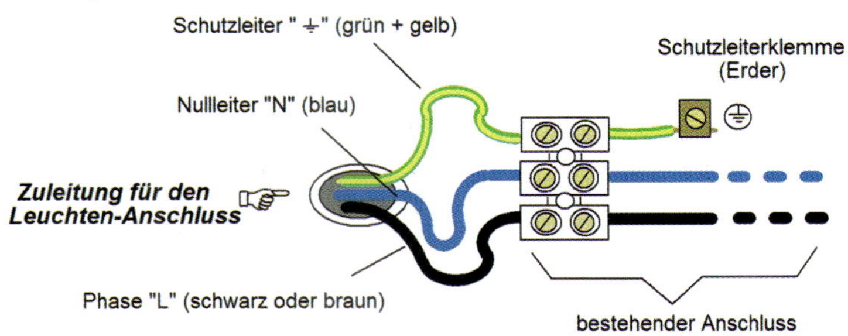

Abb. 32: Stromanschlüsse der Leuchtstofflampen sind meistens mit Lüsterklemmen versehen.

Wandleuchten

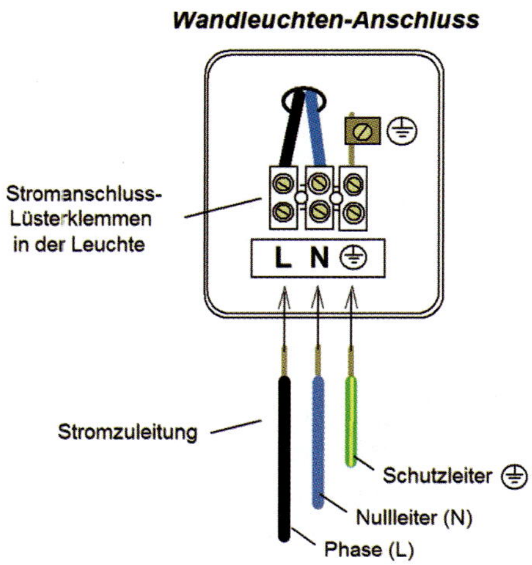

Abb. 33: Stromanschluss einer Wandleuchte

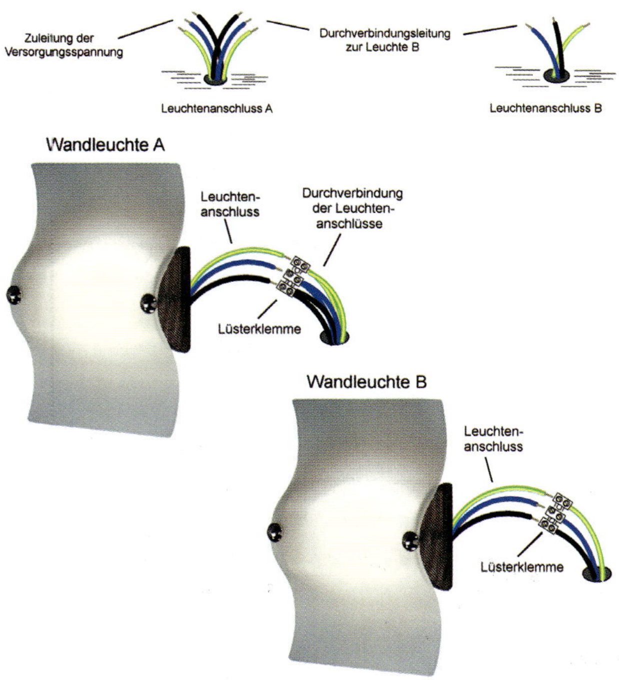

Abb. 34: Zwei Wandleuchten im Parallelbetrieb:
oben die angelegte Stromzuleitung; unten Anschlüsse über Lüsterklemmen.

Wandleuchten werden üblicherweise mit Hilfe von einfachen Kunststoffdübeln an die Wand angeschraubt. Soweit diese nicht als Lampenzubehör zur Verfügung stehen, müssen sie (z.B. im Baumarkt) dazugekauft werden. Für kleinere, leichtere Wandleuchten genügen „normale" Ø 5-mm-Kunststoffdübel, für größere Wandleuchten sind Ø 6-mm-Kunststoffdübel erforderlich. Diese Empfehlung bezieht sich auf gemauerte Wände. Rigips-Wände benötigen spezielle Rigips-Dübel.

Das eigentliche Anschließen einer Wandleuchte ist immer sehr einfach, denn es müssen nur zwei Leiter (bei Kunststoff-Wandleuchten) oder drei Leiter (bei Metall-Wandleuchten) nach Abb. 33 an die dafür bestimmten und leicht auffindbaren Klemmen (Lüsterklemmen) angeschlossen werden.

Die Klemme für den Schutzleiter ist üblicherweise unverwechselbar erkennbar und dann bleiben nur noch die zwei Netzspannungsleiter übrig, von denen der Nullleiter an das Glühlampengewinde angeschlossen werden soll. Insofern die Anschlussklemmen der Leuchte mit den Buchstaben **L** und **N** (bei manchen Leuchten mit **P** und **N**) versehen, oder die internen Leiter des Leuchtenanschlusses schwarz und blau sind, ist die Sache klar. Bei Zweifel kann dies z.B. mit einem piepsenden Durchgangsprüfer oder Phasenprüfer ermittelt werden – insofern es aus der Montageanleitung der Leuchte nicht hervorgeht.

Oft kommt es vor, dass in einem Leuchter oder bei einer Treppenbeleuchtung mehrere Lampen im Parallelbetrieb nach Abb. 34 arbeiten. Wenn Sie z.B. nach dem Bezug einer neuen Wohnung feststellen, dass aus der Wand oder aus der Decke „irgendwo" gleich sechs Drähte heraushängen – wie links oben in Abb. 34 zeichnerisch dargestellt ist – wird es sich um eine parallele Durchverbindung von zwei Lampen handeln, die nach Abb. 34 unten angeschlossen werden.

Hinweis:

Wandleuchten, die z.B. im Treppenhaus installiert sind, können oft von zwei oder auch von mehreren Stellen geschaltet werden (siehe hierzu Seiten 51 bis 53).

Beleuchtung der Keller- und Feuchträume

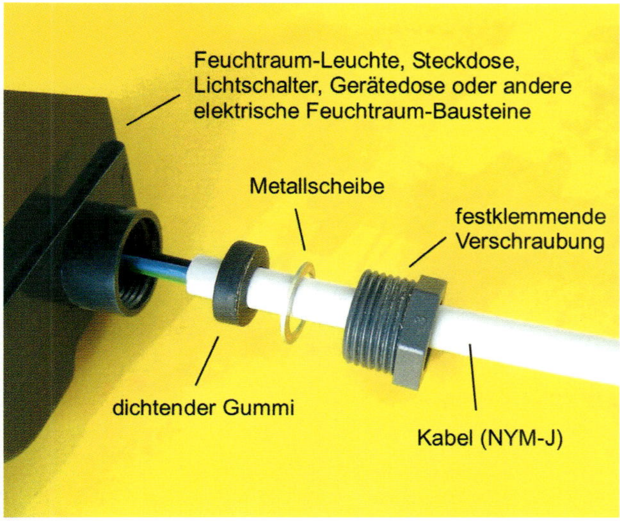

Abb. 35: Ausführungsbeispiel eines Feuchtraum-Kabel-Lampenanschlusses mit festklemmender Verschraubung

Abb. 36: NYM-J-Kabel sind oft als preiswerte Schnäppchen in Rollen von 50 m in Bau- und Elektromärkten erhältlich.

Nicht jeder Kellerraum muss unbedingt als Feuchtraum gelten. Bei privat angelegten Elektroinstallationen darf man sich den Luxus des „eigenen Ermessens" erlauben und selber bestimmen, ob man einen Kellerraum zu einem Feuchtraum erklärt oder nicht. Bei älteren Häusern sind die Keller oft ziemlich feucht, bei neueren Häusern kann manchmal ein gut isolierter Keller sehr trocken sein. Dies gilt jedoch nicht für Keller-Außenmauern, die zum großen Teil unter der Erde stehen, denn die sind wiederum grundsätzlich als „Feuchtraumwände" zu betrachten und für Flachleitungen (Stegleitungen) nicht geeignet, wohl aber für Rohrleitungen oder Kabel.

Wenn einer der Kellerräume als Waschraum benutzt wird, fällt er zwar theoretisch unter den Begriff „Feuchtraum", kann jedoch bei einer guten Belüftung trockener sein als so manche Küche während des Kochens. Anderenfalls ist er als Feuchtraum einzustufen und eine Feuchtraum-Elektroinstallation ist unumgänglich. In dem Fall sollten für die Beleuchtung nur Feuchtraum- Installationskabel (NYM-J /3 x1,5 mm^2), sowie Feuchtraum-Leuchtkörper, Lichtschalter, Steckdosen und Verbindungsdosen (Feuchtraum-Abzweigkästen) angewendet werden. Dies gilt auch für den Saunaraum oder für andere Feuchträume, zu denen auch die Garage gehört.

Der Anschluss von Feuchtraum-Lampen beinhaltet keine Stolpersteine und ist vom Prinzip her identisch mit dem Anschluss einer normalen Lampe. Zu achten ist nur darauf, dass der Lampenanschluss (das Zuleitungskabel) nach Abb. 35 angemessen gut abgedichtet in die Lampe hineingeführt wird. Eine Feuchtraum-Lampe ist herstellerseitig so ausgeführt, dass in ihr Inneres keine Feuchtigkeit eindringen kann. Daher sollte sich logischerweise auch der eigenhändig erstellte Anschluss nicht als „Spielverderber" auswirken.

Auch der Lichtschalter und die Steckdosen sollten an die Art des Feuchtraumes angepasst werden. In trockenen Kellern werden jedoch normale Unterputz-Lichtschalter, Steckdosen und Leuchtkörper installiert. Eine Ausnahme bilden nur Räume, in denen Heizöltanks stehen (der Brandgefahr wegen).

Dachboden-Beleuchtung

Die Art der Dachboden-Beleuchtung richtet sich vor allem danach, wie trokken oder wie feucht der Raum bzw. die einzelnen Räume sind. Bei so manchen alten Gebäuden bildet der Dachboden einen „Freiluftraum", wenn ihn von der Außenwelt nur Dachziegel trennen. Seine Beleuchtung ist daher mit Feuchtraum- oder Außenleuchten auszuführen. In einem „wohnlich ausgebauten" Dachboden können dagegen die Räume als „normale Wohnräume" betrachtet werden. Ähnlich wie beim Keller richtet sich auch hier die Auswahl passender Leuchtkörper nach den baulichen Gegebenheiten (oder nach dem Anwendungszweck).

Die meisten Dachböden haben eines gemeinsam: Die Leuchtkörper und ihre Zuleitungen müssen oft auf Holzbalken oder auf Holzdecken (bzw. in die Holzdecken) montiert werden und dürfen daher keine Brandgefahr darstellen. Die Leitungen sollten hier bevorzugt mit einem Feuchtraum-PVC-Kabel (NYM-J / 3 x 1,5 mm² oder 5 x 1,5 mm², falls drei Adern nicht genügen) verlegt werden und alle Klemmverbindungen sollten zudem in kleinen Feuchtraum-Abzweigkästen (nach Abb. 37) untergebracht sein.

Bei der Erneuerung oder beim zusätzlichen Anbringen von Lampen, die an Holzdecken montiert werden, ist strikt darauf zu achten, dass die vom Lampenhersteller angegebene maximale Glühbirnen-Leistung nicht überschritten wird: Da bis zu etwa 95 % der verbrauchten Energie bei einer Glühbirne in Wärme umgewandelt werden, stellt eine jede Glühbirne im Prinzip einen Elektro-Heizkörper dar.

Abb. 37: Feuchtraum-Abzweigkästen für Aufputzmontage sind in verschiednen Größen und Ausführungen erhältlich.

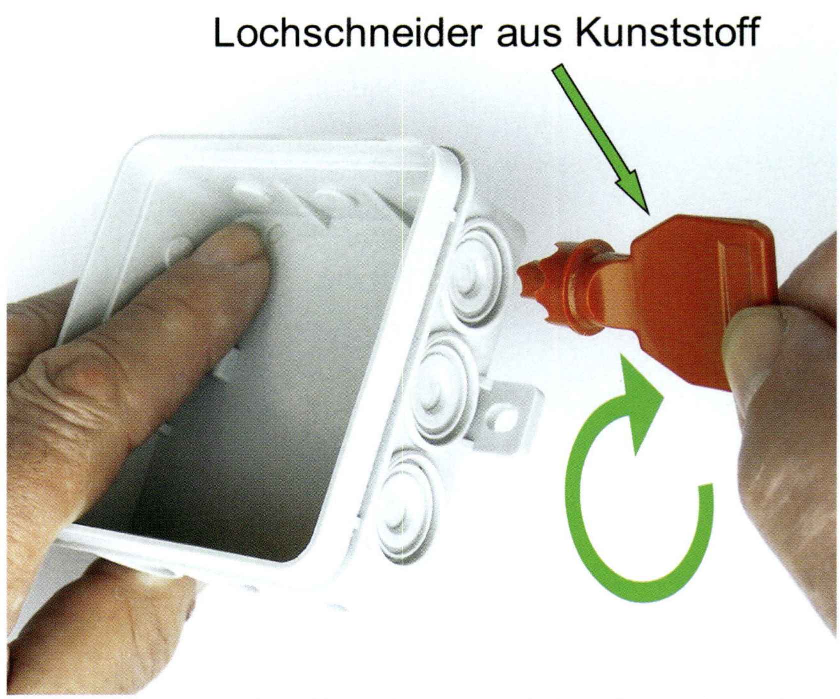

Abb. 38: Zu solchen Feuchtraum-Abzweigkästen sind (oft kostenlos) kleine Kunststoff-Lochschneider erhältlich, mit denen die passenden Löcher in den Dosenwänden für die Kabelanschlüsse eingeschnitten werden können (einige Handumdrehungen genügen, um in die vorgefertigten Öffnungen perfekt runde Löcher hinein zu schneiden).

Lichtschalter, Dimmer und Steckdosen auswechseln

Lichtschalter, Dimmer und Steckdosen auswechseln

Die Aufgabe von Lichtschaltern und Dimmern ist als solche nicht erklärungsbedürftig, wohl aber die Vielfalt der Anwendungsmöglichkeiten.

Wenn Sie einen Lichtschalter oder Dimmer erneuern möchten, dürfen Sie davon ausgehen, dass sie alle in Bezug auf den Einbau kompatibel sind. Dies gilt allerdings **nur** für Schalter oder Dimmer, die einen eigenen Rahmen haben.

Falls der zum Auswechseln vorgesehene Schalter oder Dimmer in einem gemeinsamen Rahmen mit anderen Schaltern oder Steckdosen nach Abb. 39 installiert ist, muss der Ersatzschalter entsprechend baugleich sein, um

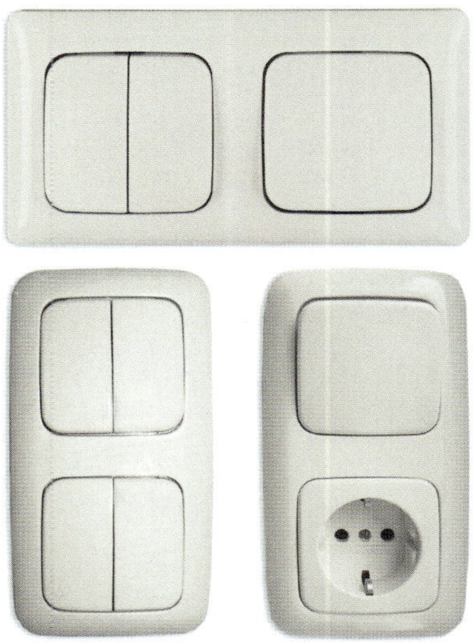

Abb. 39: Defekte Schalter oder Dimmer, die in einem gemeinsamen Rahmen mit anderen Schaltern installiert sind, können nur durch baugleiche und in den Rahmen passende Schalter- oder Dimmereinsätze ersetzt werden.

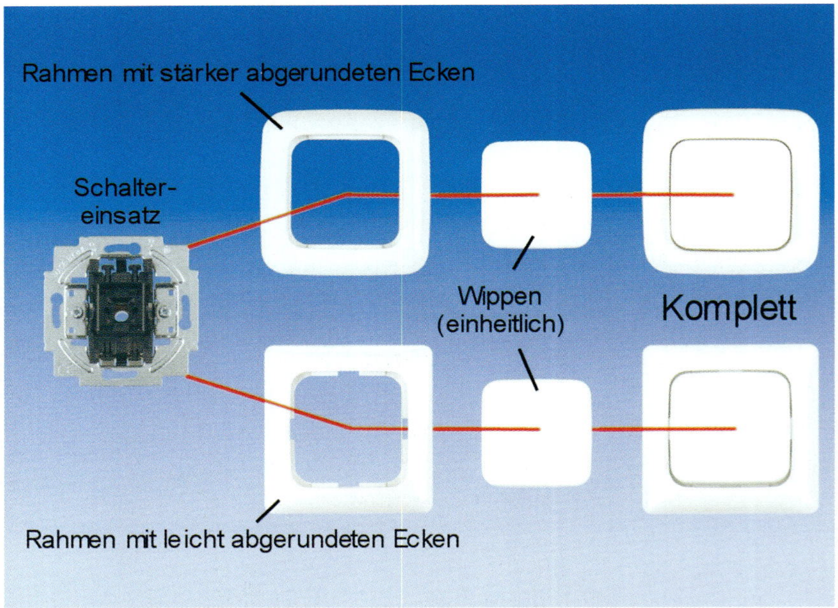

Abb. 40: Lichtschalter der etwas gehobeneren Preisklasse bestehen aus drei Teilen: aus dem eigentlichen „kahlen" Lichtschalter (Lichtschalter-Einsatz), aus einem passenden Rahmen und einer Wippe.

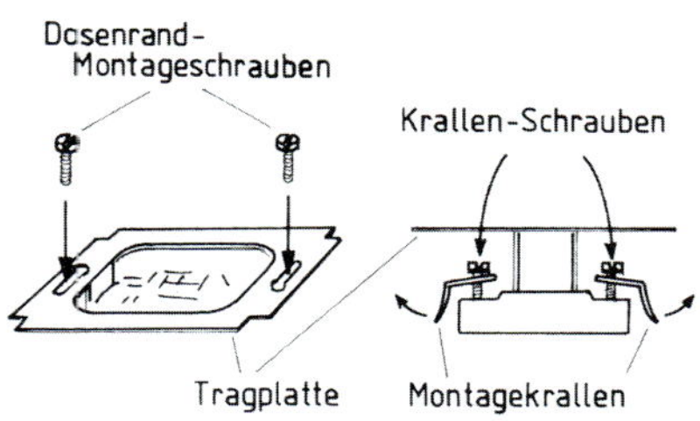

Abb. 41: Für die Montage in der Unterputz-Dose sind Unterputz-Lichtschalter und Steckdosen mit anschraubbaren Tragplatten und mit Montagekrallen versehen.

Abb. 42: Lichtschalter-Einsatz „in natura": Dem Installateur bleibt überlassen, ob er einen solchen Einsatz mittels der Montagekrallen oder durch Anschrauben der Tragplatte in der Unterputz-Dose befestigt.

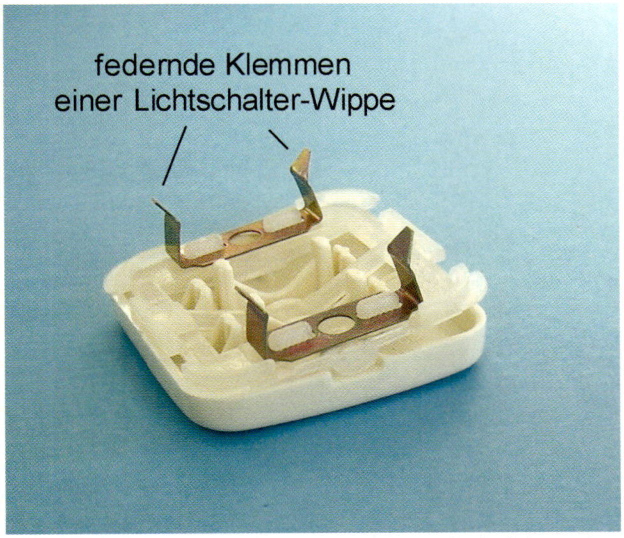

Abb. 43: Großflächige Lichtschalter-Wippen sind in den Wand-Lichtschaltern meistens nur federnd eingedrückt und können mit etwas Krafteinsatz aus dem Lichtschalter einfach herausgezogen werden.

in den bestehenden Rahmen zu passen (Abb. 42/43). Andernfalls müssten alle Schalter, Dimmer und Steckdosen, die sich einen gemeinsamen Rahmen teilen, erneuert werden (samt eines neuen passenden Rahmens).

Alle gängigen Unterputz-Lichtschalter (sowie auch Steckdosen) sind für zwei Arten der Befestigung in der Unterputz-Dose (nach Abb. 41/42) ausgelegt: durch Anschrauben ihrer Tragplatte am Dosenrand oder durch Festklemmen mit Hilfe der Montagekrallen, die an jedem Schalter oder jeder Steckdose herstellerseitig angebracht sind.

Bei modernen Lichtschaltern wird nur der eigentliche Lichtschalter-Einsatz (Abb. 42) mit Schrauben in der Unterputz-Dose befestigt. Der Lichtschalter-Rahmen (Abb. 40) wird auf dem Lichtschalter nur mit der federnd eingedrückten Wippe nach Abb. 43 fest gehalten.

Falls das hier Beschriebene für Sie „Neuland" bedeutet, nehmen Sie z.B. bei einem Ihrer Lichtschalter oder Wand-Steckdosen die Abdeckplatte ab, um sich ein genaueres Bild darüber zu machen, wie so etwas in der Praxis aussieht. Welche dieser zwei Lösungen beim Installieren angewendet werden, liegt nur im individuellen Ermessen des Installateurs.

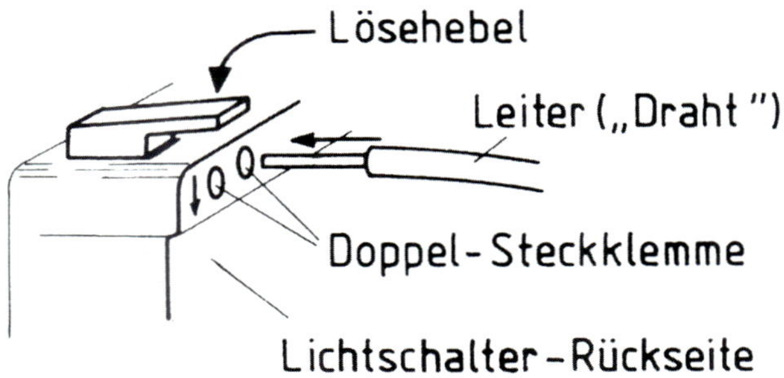

Abb. 44: Ein ausreichend lang abisolierter Leiter kann bei den meisten Schaltern „modernerer" Bauweise in die federnden Schalterklemmen – bzw. Anschlussöffnungen – einfach hineingesteckt (hineingedrückt) werden; um den Leiter wieder herausziehen zu können, muss der dazugehörende Kunststoff-Lösehebel kräftig eingedrückt werden.

Bemerkung:

Viele der Unterputz-Schalter (und Steckdosen) werden gegenwärtig herstellerseitig mit Anschluss-Steckklemmen (Doppelklemmen) versehen. Die Anschlüsse brauchen somit nicht mehr geschraubt, sondern nur einfach nach Abb. 44 ähnlich in die Klemmen eingesteckt zu werden, wie z.B. ein Stecker in die Steckdose eingesteckt wird. Nur herausziehen lassen sie sich nicht mehr so leicht – dazu muss der jeweilige „Kunststoff-Lösehebel" mit dem Finger kräftig eingedrückt werden.

Einfache Lichtschalter auswechseln

Erforderliches Werkzeug

a) Phasenprüfer

b) kleinere Schraubendreher

c) Abisolierzange (falls erforderlich)

Benötigte Arbeitszeit:

ca. 30 bis 45 Minuten

Schritt 1

Strom abschalten

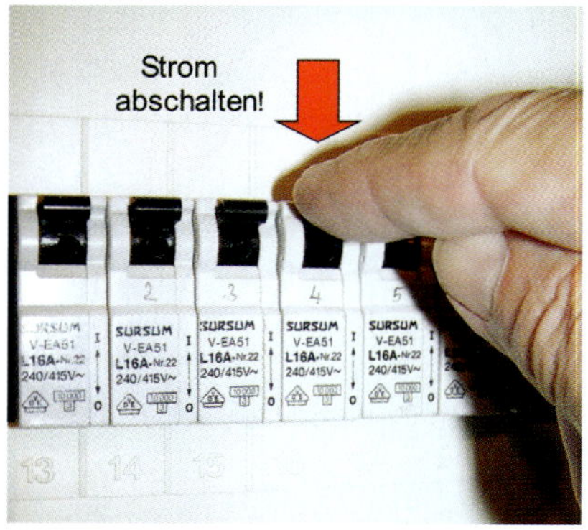

Schalten Sie den Strom am Sicherungsautomaten ab. Falls Ihr Elektro- Hausnetz noch mit herkömmlichen Porzellansicherungen geschützt ist, drehen Sie die zuständige Sicherung heraus.

Schritt 2

Abdeckung abnehmen

Bei Lichtschaltern mit kleineren Wippen wird nur der Deckel des Schalters nach vorne herausgezogen, der federnd im Schaltereinsatz eingeklemmt ist. Dazu braucht man üblicherweise nur vier Fin-

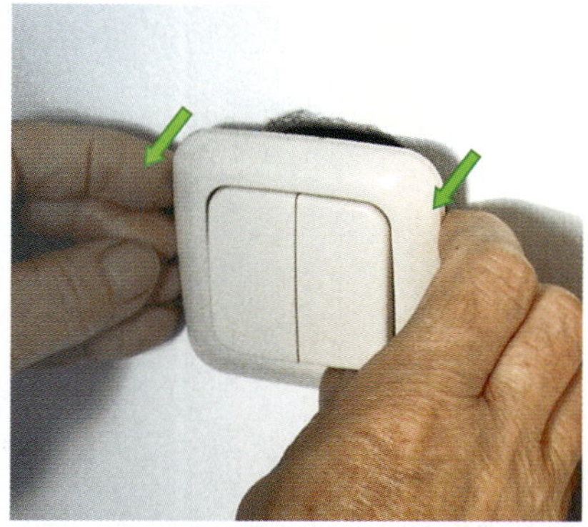

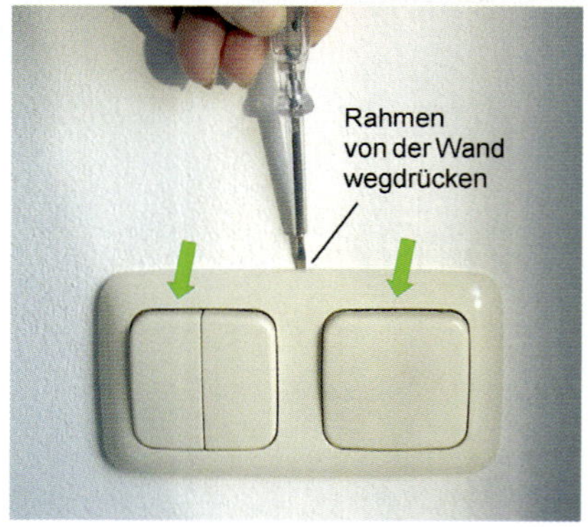

ger. Bei Lichtschaltern mit größeren Wippen können auf dieselbe Weise gleichzeitig sowohl der Schalterrahmen, als auch die Wippe abgezogen werden. Alternativ kann das Herausziehen des Rahmens und der Wippe mit Hilfe eines Schraubendrehers erfolgen, wie unten abgebildet ist (in vielen Rahmen sind zu diesem Zweck in der Mitte kleine Vertiefungen angebracht, in die sich der Schraubendreher hineinstecken lässt, ohne dass die Wand beschädigt wird). Falls Sie über einen Phasenprüfer verfügen, der auch kontaktlos die Netzspannung (die Phase) anzeigt, können Sie sich nun sicherheitshalber vergewissern, dass der Schaltereinsatz spannungsfrei ist. Andernfalls müssen Sie sich diese Kontrolle erst für den nächsten Schritt aufheben.

Schritt 3

Stromfrei?

Nachdem Sie sich angesehen haben, ob der Schalter mittels seiner Tragplatte oder mittels seiner Klemmen in der Unterputz-Dose befestigt ist, können Sie ihn losschrauben und soweit es die Anschlussdrähte erlauben, auch etwas aus der Dose herausziehen. Falls Sie sich vorhin noch nicht vergewissern konnten, dass der Schalter auch tatsächlich spannungsfrei ist, wird dieser Test nun fällig.

Wenn der Schalter keine sichtbaren Schraubklemmen, sondern nur Steckklemmen hat, drücken Sie die Steckklemme der Phasenzuleitung vorsichtig etwas ein und ziehen Sie ebenfalls ganz vorsichtig den Phasenleiter einige Millimeter aus seiner Steckklemme so weit heraus, dass sein kahler Kupferkern sichtbar ist, und somit auch für die Spitze (Klinge) des Phasenprüfers zugänglich wird.

Sind beide (bzw. alle) Zuleitungen zum Schalter erwiesenermaßen spannungsfrei, können Sie nun die Netzanschlüsse aus dem Schalter herausziehen (bei Steckklemmen) oder herausschrauben (bei Schraubklemmen).

Schritt 4

Montage

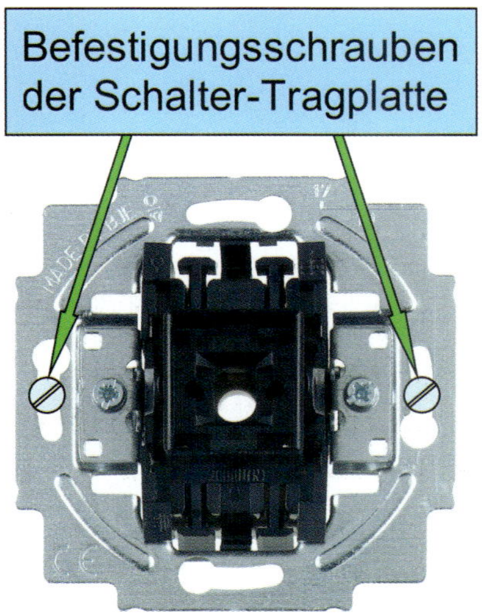

Die Montage des neuen Schalters kann bei etwas Glück genau in der umgekehrten Reihenfolge stattfinden. Der Faktor „Glück" bezieht sich hier vor allem darauf, ob der alte Schalter dieselben Anschlussklemmen hatte wie der neue Schalter. Es dürfte sehr oft vorkommen, dass der alte Schalter mit Schraubverbindungen ausgelegt war und der neue Schalter Steckklemmen hat, die einen länger abisolierten Kupferkern der Anschlussleiter benötigen. In dem Fall müssen die zwei Anschlussleiter vorher noch auf die erforderliche Länge abisoliert werden. Testen Sie die erforderliche Länge mit einem Stück Draht aus. Die Anschlussleiter sollten so tief wie nur möglich in die Steckklemmen hineingesteckt werden, wobei der kahle Leiter-Kupferkern von außen nicht sichtbar bzw. kaum sichtbar sein sollte. Schließen Sie die Zuleitungen an den Schalter so an, dass sich diese auch problemlos in die Unterputz-Dose mit dem Schalter hineindrücken lassen. Schrauben Sie den Schalter bevorzugt mittels seiner Tragplatte auf die Steckdose an – wie abgebildet. Damit umgehen Sie das Risiko, dass sich die Montagekrallen des Schalters beim Festdrehen aus Versehen in einen der Leiter „hineinbeißen". Falls Sie dennoch den Schalter mit Hilfe der Montagekrallen montieren möchten (bzw. müssen), ordnen Sie die Leiter in der Unterputz-Dose vorher sorgfältig so an, dass sie sich nicht unter den Montagekrallen befinden.

Lichtschalter aus einer Gruppe auswechseln

Wenn zwei oder auch mehrere Lichtschalter in einem gemeinsamen Rahmen installiert sind, kann der Rahmen samt den Schalterwippen entweder nur mit den Fingern oder mit Hilfe eines Schraubendrehers herausgezogen werden, wie im Schritt 2 des vorhergehenden Themas erläutert wurde. Auch der Vorgang beim Ersetzen eines defekten Schalters ist derselbe wie bei dem vorhergehenden Beispiel.

Ist der defekte Lichtschalter z.B. nach Abb. 45 mit einem Lichtdimmer kombiniert, muss vor der Demontage des Rahmens und der Lichtschalter-Wippen erst der Drehknopf des Dimmers abgezogen werden – was meistens nur mit den Fingern (und mit etwas Kraftaufwand) machbar ist.

Wenn Lichtschalter in einem gemeinsamen Rahmen mit einer Steckdose installiert sind, muss vor dem Abnehmen des Rahmens mit den Schalterwippen erst die Steckdosenfront nach Abb. 46 losgeschraubt werden.

Einen Lichtschalter oder Dimmer zu erneuern gehört zu den leichtesten Arbeiten, die auch ein unerfahrener Heimwerker problemlos bewältigt. Um den alten Lichtschalter oder Lichtdimmer durch einen richtigen neuen ersetzen zu können, sollte man allerdings wissen, welche Schalter- oder Dimmertype als Ersatz benötigt wird. Es dürfte sich daher lohnen, wenn wir uns näher ansehen, was es so alles auf diesem Gebiet gibt und wie man erkennen kann, ob der eine oder andere Lichtschalter als ein einfacher Lichtschalter, oder z.B. als ein Kreuzschalter ausgelegt ist.

Abb. 45: Wenn Lichtschalter zusammen mit einem Lichtdimmer in einem gemeinsamen Rahmen untergebracht sind, muss vor der Demontage der Lichtschalter erst der Drehknopf des Dimmers abgenommen werden.

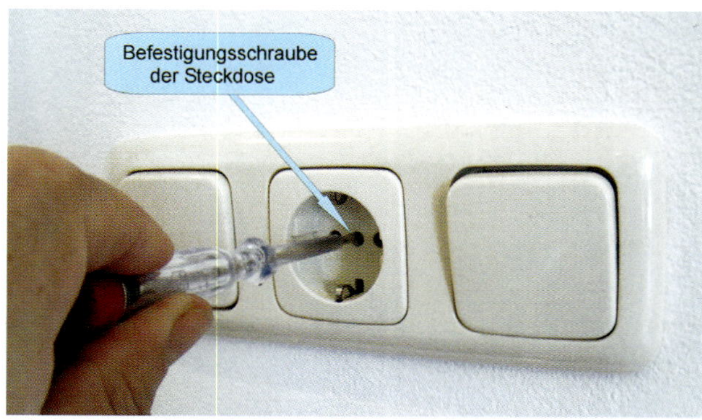

Abb. 46: Wenn Lichtschalter zusammen mit einer Steckdose in einem gemeinsamen Rahmen untergebracht sind, muss vor der Demontage der Lichtschalter erst die Befestigungsschraube der Steckdosenfront losgeschraubt werden.

Einfache Lichtschalter

Einfache Lichtschalter sind in der Regel als einpolige Wippschalter nach dem Prinzip aus Abb. 47 ausgelegt und werden als Aus-Schalter bezeichnet. Diese Schalter eignen sich für Anwendungen, bei denen das Licht nur von einer Stelle aus geschaltet wird.

Bei der Suche nach einem „echten" einfachen Lichtschalter (Aus-Schalter) werden Sie feststellen, dass es sie oft nur in der Form von so genannten „**Aus-/Wechselschaltern**" gibt. Das sind in Wirklichkeit **Wechselschalter** (nach Abb. 47 rechts und 48), die wahlweise auch als Ein/Aus-Schalter verwendet werden können, wenn nur einer ihrer „Ausgänge" benutzt wird. Diese Lösung ist für die meisten Lichtschalter-Hersteller kostengünstiger, da – anstelle von zwei unterschiedlichen Schaltertypen – nur eine einheitliche Schaltertype hergestellt werden kann.

Die in Abb. 48 eingezeichneten Pfeile befinden sich neben den Anschlussklemmen der meisten handelsüblichen Netzschalter als Markierungen. Der schwarze Pfeil, der links in der Zeichnung nach innen zeigt (Anschluss **a**), steht für den „Phaseneingang". Bei manchen Schaltern ist an seiner Stelle der Buchstabe **P** aufgedruckt – wie das Foto rechts zeigt (anstelle des Buchstaben **P** wird oft auch der Buchstabe **L** verwendet). Pfeile, die von der Schaltermitte weg, in Richtung nach außen zeigen (hier Anschlüsse **b**, **c**, werden als Anschlüsse für „geschaltete Außenleiter" (= Zuleitungen zu den Lampen) bezeichnet.

Wir haben in Abb. 48 links die Phase an den „Eingang **a**" und den Leuchtenanschluss an den „Ausgang **c**" angeschlossen (hätten ihn jedoch auch an den „Ausgang **b**" anschließen können, denn hier macht es nichts aus). Es tut auch nichts zur Sache, wenn man bei dieser „Ein/Aus-Schaltung" die Phasen**zuleitung** an einen der Ausgänge (**b** oder **c**) und den Draht, der zu der Leuchte führt, an den Eingang **a** anschließt.

Sowohl die meisten Lichtschalter als auch die meisten Steckdosen sind mit Anschluss-Doppelklemmen ausgelegt, um bei Bedarf jeweils noch einen weiteren Leiter an die Klemme anschließen zu können.

Das Einzige, worauf man bei der Montage dieses Schalters achten sollte ist, dass seine Wippe einschaltet, wenn sie oben angetippt wird und ausschaltet, wenn sie unten angetippt wird. Dies ist jedoch nur der „Einheitlichkeit" wegen empfehlenswert und lässt sich auch im Nachhinein leicht dadurch korrigieren, dass man den Schalter in der Schalterdose um 180° umdreht, oder dass der Draht aus der Anschlussklemme **c** herausgezogen und in die Anschlussklemme **b** hineingesteckt wird. Bei Schaltern, die als Serienschalter oder Kreuzschalter funktionieren, ist jedoch diese Anordnung nicht möglich, da jeweils jede Betätigung eines der „zusammenarbeitenden" Schalter den „Betriebszustand" (eingeschaltet/ausgeschaltet) verändert.

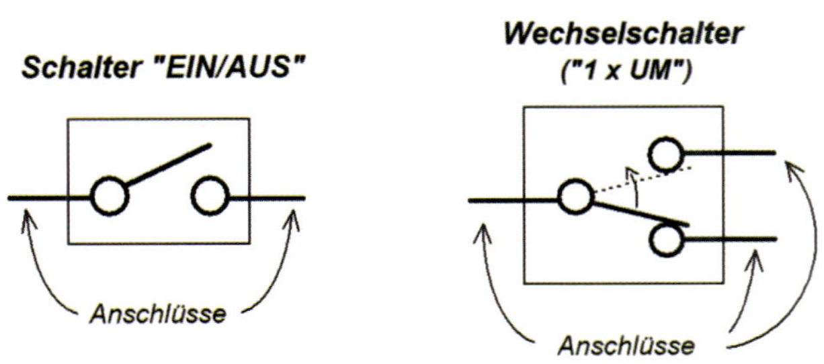

Abb. 47: Schematische Darstellung einfacher Schalter (als Schaltzeichen):
a) einpoliger „EIN/AUS-Schalter" (oft bezeichnet als „**AUS-Schalter**" oder „**1 x EIN-Schalter**"); b) einpoliger Wechselschalter (oft bezeichnet als „**1 x UM-Schalter**")

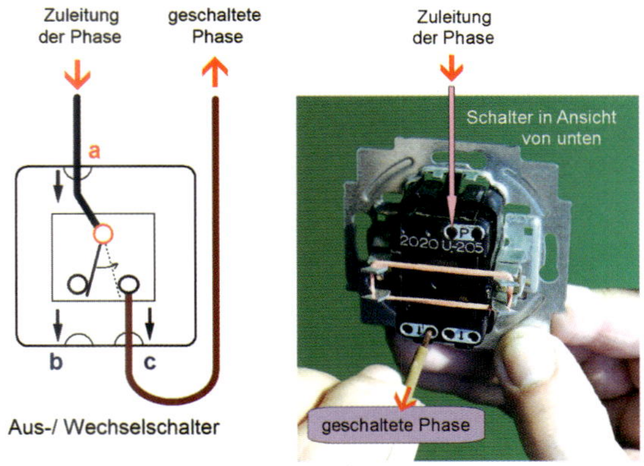

Abb. 48: Die meisten der handelsüblichen „einfachen Lichtschalter" (Ein-/Ausschalter) sind herstellerseitig als Wechselschalter ausgeführt und verfügen über drei Anschlussklemmen bzw. über drei „Anschluss-Doppelklemmen", von denen in diesem Fall nur zwei genutzt werden;
links: schematische Darstellung, rechts: Rückansicht eines Wechselschalters.

Doppel-Lichtschalter (Serienschalter)

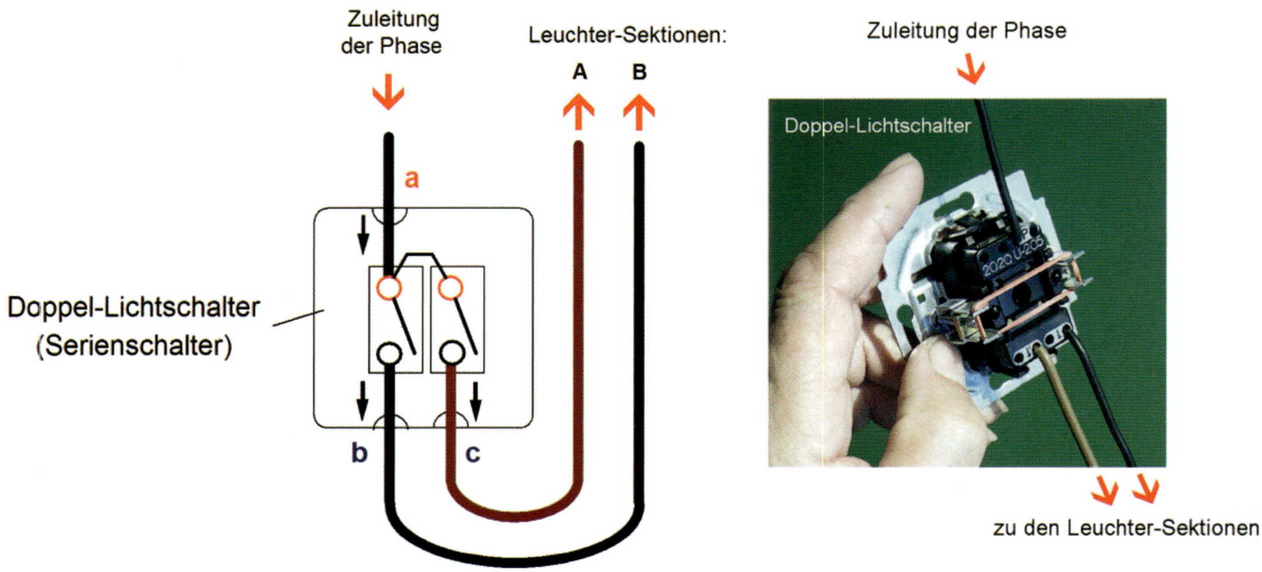

Abb. 49: Doppel-Lichtschalter (Serienschalter): links schematische Darstellung, rechts „in natura"

Ein Doppel-Lichtschalter (Serienschalter) wird oft für das Schalten von Lüstern und Deckenlampen verwendet, bei denen die Glühbirnen in zwei voneinander unabhängigen Sektionen (A und B) nach Abb. 49 geschaltet werden können. Eine bildliche Darstellung der Leuchteranschlüsse finden Sie auch in Abb. 15 auf S. 23).

Bei Bedarf können beliebig viele Serienschalter nebeneinander oder übereinander installiert werden, um mehrere Lampen oder Lampensektionen unabhängig voneinander schalten zu können – wie Abb. 45 zeigt.

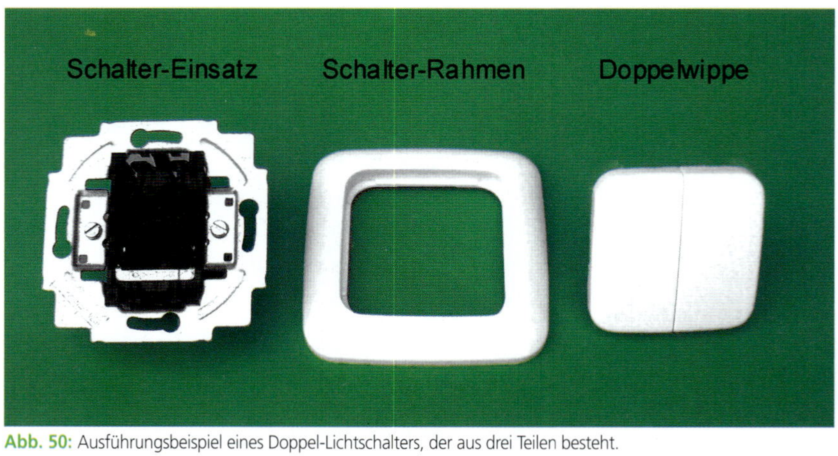

Abb. 50: Ausführungsbeispiel eines Doppel-Lichtschalters, der aus drei Teilen besteht.

Wechselschalter

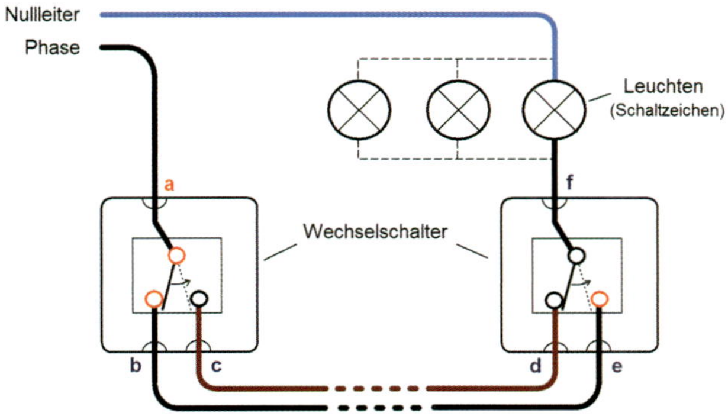

Abb. 51: Zwei Wechselschalter ermöglichen das unabhängige Ein- und Ausschalten von Leuchten von zwei Standorten aus.

Wechselschalter sind als einpolige Umschalter ausgelegt, die das Schalten einer Lampe (oder Lampensektion) von zwei Stellen ermöglichen. Am häufigsten werden diese Schalter im Treppenhaus verwendet, denn hier ist es erforderlich, dass sich das Licht an beiden Enden der Treppe ein- und ausschalten lässt. Auch in der Halle oder in Wohn- und Schlafräumen ermöglichen solche Wechselschalter das Schalten der Beleuchtung von zwei Stellen (von zwei Türen) aus. In Schlafzimmern wurde früher mit Vorliebe einer der zwei Wechselschalter über dem Bett als „Zugschalter" installiert.

Nun dürfte die Frage gestellt werden, wie man einen Wechselschalter überhaupt erkennt. Das ist ziemlich einfach: Wenn eine Lampe bzw. Beleuchtung von zwei unterschiedlichen Stellen aus unabhängig geschaltet werden kann (was u.a. im Treppenhaus üblich ist) und die Schalter sind nicht als Taster, sondern als normale Wippschalter ausgelegt, handelt es sich hier um Wechselschalter.

Wie bereits angesprochen, kann der Wechselschalter auch in der Form eines Zugschalters ausgelegt sein, dessen Schnur über dem Bett im Schlafzimmer hängt, um das Ausschalten der Deckenlampe auch von hier aus zu ermöglichen. An der eigentlichen Schaltung ändert sich dadurch nichts.

Die eigentliche Schaltungsphilosophie ist anhand der Abb. 51mit etwas Geduld leicht nachvollziehbar: Bei den eingezeichneten Schaltpositionen der beiden Schalterkontakte schaltet der linke Wechselschalter die Phase (über die Klemmen **a** und **b**) an die untere Anschlussklemme **e** des rechten Wechselschalters durch. Hier ist die weitere Verbindung zu der Leuchte unterbrochen.

Wird nun einer der Schalter – egal welcher – betätigt (umgeschaltet), geht das Licht an, denn die Phase wird in die Leuchte weitergeleitet. Beim nächsten Umschalten eines der Schalter wird die Zuleitung der Phase zu der Leuchte wieder unterbrochen und das Licht „geht aus".

Die Verbindungen der Anschlussklemmen **b → e** und **c → d** dürfen ohne weiteres untereinander verwechselt werden (in **b → d** und **c → e**).

In der Praxis werden Sie bei der Suche nach einem Defekt möglicherweise ermitteln wollen, welcher von den zwei Wechselschaltern mit dem in Abb. 54 links eingezeichneten Wechselschalter übereinstimmt (zu welchem die Phasenzuleitung führt). An sich ist das kein Problem, denn nur an dem linken Schalter zeigt der Phasenanschluss („**a**") ununterbrochen die Phase an, wenn man ihn hin und her schaltet - was sich mit Hilfe eines einfachen Phasenprüfers leicht kontrollieren lässt. Der Anschluss **f** des „zweiten" Wechselschalters wird dagegen bei etwas Hin- und Herschalten **nur abwechselnd eine Spannung anzeigen und abwechselnd spannungsfrei sein**.

Wie aus dem Schaltplan in Abb. 51 hervorgeht, benötigen hier die zwei Schalter jeweils einen „Dreidrahtanschluss". In der Praxis werden die Leiter allerdings nicht so angelegt, wie es in Abb. 51 – der leichteren Übersicht wegen – schematisch dargestellt ist, sondern z.B. in Leitungen unterhalb der Decke verlegt.

Hinweis:

Falls das Schalten der Beleuchtung mittels eines Tasters stattfindet, der nur eine „zurückfedernde" Taste hat, handelt es sich nicht um einen Wechselschalter, sondern nur um einen einpoligen Taster, der einen Stromstoßschalter bedient (siehe hierzu Kapitel „Stromstoßschalter" auf S. 53).

Kreuzschalter

Die Anwendung eines Kreuzschalters war früher unumgänglich, wenn es erforderlich war, dass sich die Beleuchtung von drei oder mehreren Stellen unabhängig schalten lässt. Gegenwärtig wird für solche Zwecke bevorzugt ein Stromstoßschalter angewendet, denn bei dieser „moderneren" Lösung entfallen die vielen Drahtverbindungen, die ein Kreuzschalter erfordert. Bei bestehenden Installationen, die von einem Kreuzschalter Gebrauch machen, ist jedoch zu empfehlen, dass im Falle eines Defektes dennoch dieses herkömmliche System nur repariert wird und unverändert bleibt.

Äußerlich unterscheidet sich ein Kreuzschalter von anderen Lichtschaltern nicht, aber wenn das Licht z.B. im Treppenhaus oder in der Halle von drei Stellen aus unabhängig voneinander mit normalen Wippschaltern geschaltet werden kann, handelt es sich dabei um eine Schalterkette, die nach dem Prinzip aus Abb. 52 ausgelegt ist.

Falls Sie sich noch nicht mit der Funktionsweise der Schaltung aus Abb. 51 bei dem vorhergehenden Thema richtig angefreundet haben, sollten Sie es sich nun vornehmen. Danach wird es Ihnen garantiert leichter fallen, die Funktionsweise der Schaltung aus Abb. 52 zu begreifen.

Im Prinzip handelt es sich bei beiden Schaltungen um ein ähnliches Anliegen, wie z.B. beim Weichenstellen einer Modelleisenbahn: Die **Phase**, die hier an den „Eingang **a**" des ersten Wechselschalters angeschlossen wird, kann man sich – der leichteren Vorstellung wegen – als eine Lokomotive vorstellen, die über eine der Schienen (über einen der Leiter) zu der „Ausgangsklemme **j**" (des rechten Wechselschalters) und somit zu der Lampe „hinfahren" muss. Jeder der drei Lichtschalter stellt dabei die Weichen entweder auf „Durchlass" oder auf „Sperre". Mit jedem der drei Schalter kann der jeweilige „Betriebszustand" geändert werden.

Bei den in unserer Schaltung eingezeichneten Schaltpositionen der Schalterkontakte läuft die Phase über Schalterklemmen **a** → **b** → **e** → **f** → **i** und kann danach nicht mehr weiter (weil hier die Leitung unterbrochen ist). Das Licht ist daher „aus". Sobald aber einer von den drei Schaltern umgeschaltet wird (egal welcher), wird die Phase bis an den „Ausgang **j**" des rechten Wechselschalters - und somit auch an die Leuchten – durch verbunden. Bei der nächsten Betätigung eines der drei Schalter wird wiederum die Phasenzuleitung zu den Leuchten unterbrochen usw.

Sowohl bei einer Neuinstallation als auch bei der Suche nach einem Defekt, lässt sich Schritt für Schritt überprüfen, ob jeder der Schalter richtig funktioniert. Angefangen wird – ähnlich wie im vorhergehenden Kapitel – auch hier mit der Suche nach dem links eingezeichneten Wechselschalter und seinem „Eingang **a**".

Nachdem der „Eingangs-Wechselschalter" – und sein Anschluss „**a**" – gefunden sind, kann mit einem Phasentester (unter Spannung) überprüft werden, ob er an seine zwei Ausgänge (abwechselnd) die Phase auch richtig durchschaltet. Wenn ja, geht es weiter zu dem Kreuzschalter: hier muss entweder an seinem Anschluss **d** oder **e** die Phase vorhanden sein, die er gleichzeitig an einen seiner Ausgangs-Anschlüsse (**f** oder **g**) durchschaltet.

Leichter als bei den angesprochenen „Eisenbahnweichen" kann man hier mit einem Phasentester feststellen, über welche Schalterkontakte die Phase ihren Weg fortsetzt und bei welchem Schalter sie evtl. unterbrochen ist und wegen einem Defekt im Schalter nicht mehr richtig weitergeleitet wird.

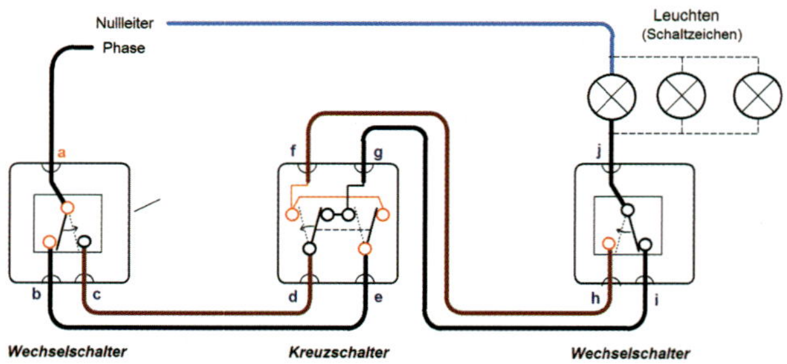

Abb. 52: Zwei Wechselschalter und ein Kreuzschalter ermöglichen das unabhängige Schalten der Beleuchtung von drei Stellen aus.

Unser Tipp:

Wenn Sie eine solche Installation neu anlegen oder erneuern, sollten Sie, der besseren Übersicht wegen, die Verbindungen zwischen den Schaltern mit schwarzen und braunen Leitern ähnlich auslegen, wie es in unserer Zeichnung (Abb. 52) gemacht wurde.

Stromstoßschalter

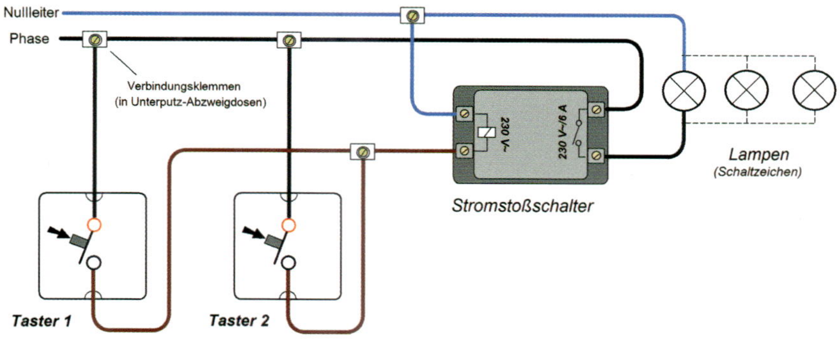

Abb. 53: Schematisch dargestelltes Anschlussbeispiel eines Stromstoßschalters, der von zwei Tastern (von zwei Stellen aus) bedient wird.

Stromstoßschalter (Tast-Relaisschalter) sind als elektromagnetische Schalter ausgeführt, die nach dem „Kugelschreiber-Prinzip" funktionieren. Die Grundschaltung eines Netz-Stromstoßschalters ist – wie aus Abb. 53/54 hervorgeht – sehr einfach: Anstelle eines normalen Lichtschalters ist hier jedoch ein Taster (Wipptaster) erforderlich, denn die Magnetspule im Stromstoßschalter benötigt zum Schalten jeweils nur einen kurzen Stromstoß (Schaltimpuls).

Bei jeder Betätigung des Licht-Tastschalters schaltet der Stromstoßschalter von der jeweiligen „Schaltposition" in die andere „Schaltposition" um.

Das Sympathische an einem Stromstoßschalter ist, dass er von beliebig vielen Tastschaltern (und Stellen) bedient werden kann. Jeder Taster wird nur mittels einer Zweidraht-Verbindung an den Schaltkreis angeschlossen. Eventuelle Defekte sind hier leicht auffindbar.

Ein gewisser Nachteil des Stromstoßschalters besteht (bei einer Neuinstallation) darin, dass er eine „Unterkunft" (z.B. in der Form von einer zusätzlichen Unterputz-Dose) benötigt, die z.B. – wie in unserer Abb. 54 – als „Abzweigdose 3" eingezeichnet ist.

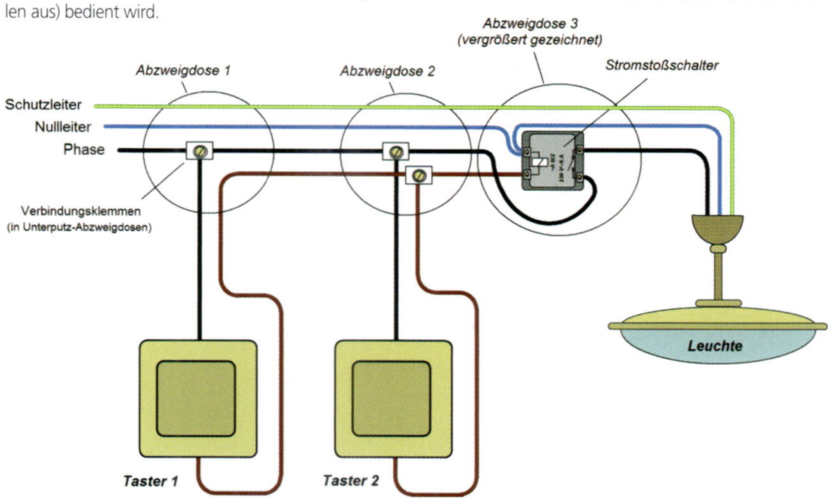

Abb. 54: Bildlich dargestelltes Beispiel der Anschlüsse eines Stromstoßschalters

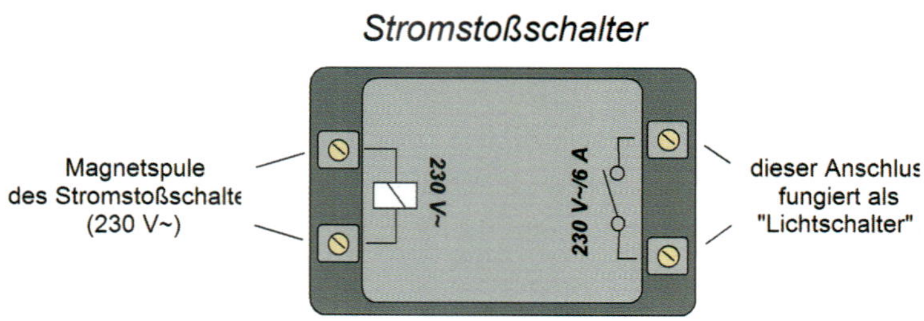

Abb. 55: Auf dem Gehäuse eines Stromstoßschalters sind immer die Anschlüsse, die maximale Strombelastung des Schaltkontaktes und die Betriebsspannung der Magnetspule aufgedruckt.

Wichtig:

Die Magnetspulen der handelsüblichen Stromstoßschalter sind wahlweise sowohl für die 230-V als auch für 12 oder 24-V erhältlich. Für „normale" Elektroinstallationen eignen sich bevorzugt die 230-V-Magnetspulen, denn sie benötigen keinen zusätzlichen Transformator. Bei der Erneuerung eines defekten Stromstoßschalters ist dabei darauf zu achten, für welche Spannung die Magnetspule des alten Schalters ausgelegt war (das steht auf dem Stromstoßschalter auf eine ähnliche Weise, wie in Abb. 55).

Lichtdimmer

Anstelle eines jeden Lichtschalters kann meistens leicht ein „Licht schaltender" Dimmer nach Abb. 57 angeschlossen werden. Hier muss allerdings die Phase (als Spannungseingang) und auch die Lampenzuleitung auf die richtige Anschlussklemme des Dimmers angeschlossen werden. Wie es zu bewerkstelligen ist, finden Sie in der Montageanleitung, die jedem Dimmer beiliegt und „produktbezogen" unterschiedlich ist.

Einige der handelsüblichen Dimmer sind als Sensor-Dimmer ausgelegt, die nur durch Berührung regelbar sind. Weiterhin gewinnen gegenwärtig diverse drahtlose (funk- oder infrarotgesteuerte) Dimmer an Attraktivität, die üblicherweise auch ein technisch unerfahrener Bastler leicht installieren kann (siehe hierzu Seite 57).

Hinweis:

Ein Lichtdimmer ist zwar eine bequeme Vorrichtung, aber als energiesparender Baustein taugt er nur wenig. Dies kommt dadurch, dass das Dimmen der Leuchten mittels Unterspannung erzielt wird, die z.B. bei Glühbirnen bewirkt, dass die Lichtausbeute wesentlich schneller sinkt als der damit verbundene Energieverbrauch. Vereinfacht formuliert: Wenn beispielsweise die Lichtintensität auf etwa 25 % gedämpft wird, sinkt der tatsächliche Energieverbrauch nicht einmal um 50 % (weil der Wirkungsgrad des Lampen-Glühfadens bei Unterspannung unterproportional sinkt). Aus dieser Sicht verdient das Abschalten einiger Glühlampen (bzw. einiger Sektionen) vor dem Lichtdimmen Vorrang.

Wichtig:

Für normale Glühlampen, diverse Energie-Sparlampen und 230-Volt-Halogenlampen wird ein „Dimmer für Glühlampen" benötigt. Der ist jedoch für 12-V- oder 24-V-Halogenlampen (mit Transformatoren) **nicht immer geeignet**. Umgekehrt ist für 12-Volt-Halogenlampen ein „Dimmer für Halogenlampen" erforderlich, der sich wiederum nicht automatisch auch für Glühlampen eignet (es gibt jedoch auch Dimmer, die für beide Lampenarten ausgelegt sind). Achten Sie beim Kauf eines Dimmers auch auf seine minimal erforderliche und maximal zulässige Belastung. Diese geht aus seinen technischen Daten hervor, die z.B. in folgender Kurzfassung dargestellt werden:

Beispiel **A**: UP-Dimmer für Glühlampen · Dreh/Aus · 60-400 Watt
Beispiel **B**: UP-Dimmer für Glühlampen · Druck/Wechsel · 60-400 Watt
Beispiel **C**: UP-Dimmer für Halogenlampen · Druck/Wechsel · 20-315 VA

Erklärung zu den vorhergehenden Angaben

Beispiel **A**: UP = Unterputz; Dreh/Aus = drehende Regelung, Ein/Aus-Schalter; 60 - 400 Watt = minimal darf eine 60-Watt-Glühbirne, maximal dürfen z.B. vier 100-W- oder zehn 40-W-Glühbirnen angeschlossen werden (die Summe der Leistungen ergibt dann 400 Watt).

Beispiel **B**: UP = Unterputz; Druck/Wechsel = Regelung durch Drücken, der eigentliche Dämmerungsschalter ist als Wechselschalter ausgelegt.

Beispiel **C**: Identische Bauart, wie bei dem vorhergehenden Dimmer, die minimale und maximale Belastung wird hier nicht in Watt, sondern in VA (Volt-Ampere) angegeben, was bei induktiven Lasten (darunter auch die Transformatoren der Lampen) üblich ist. Einfachheitshalber können die angegebenen „VA" als „Watt" betrachtet werden. Allerdings sollte bei Niedervolt- Halogenlampen damit gerechnet werden, dass der Transformator (bzw. auch mehrere Transformatoren) bis zu etwa 10 % der zugeführten Energie verbrauchen. An einem 315-VA-Halogenlampen-Dimmer dürften daher z.B. maximal ca. vierzehn 20-Watt-Halogenlampen angeschlossen werden (das ergibt 280 Watt Lampenverbrauch plus ca. 28 VA für die Transformatoren = insgesamt ca. 308 VA bzw. Watt).
Das sind jedoch theoretische Grenzwerte. In der Praxis sollte die tatsächliche maximale Belastung eines Dimmers ca. 75 % seines offiziellen Maximalwertes nicht überschreiten.

Abb. 56: Lichtdimmer, die für eine manuelle Bedienung ausgelegt sind, verfügen meistens über einen Drehknopf für die individuelle Einstellung der Lichtintensität

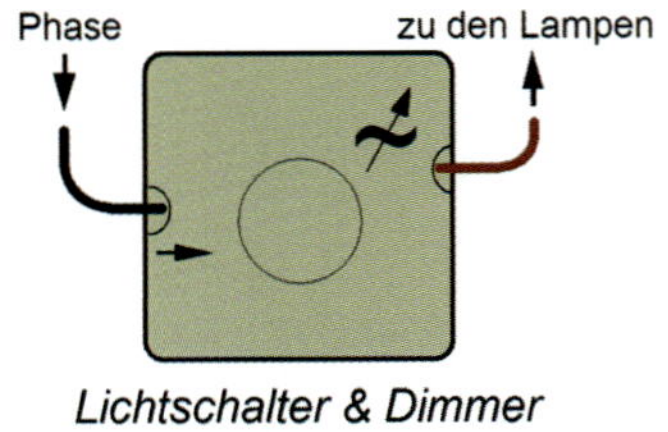

Abb. 57: Ein gängiger Lichtdimmer wird ähnlich wie ein normaler Lichtschalter (Ein/Aus-Schalter) angeschlossen

Dämmerungsschalter

Die Funktion eines Dämmerungsschalters ist leicht zu erklären: Eine Fotozelle (ein Fotowiderstand, Fototransistor oder eine Fotodiode) kontrolliert die „Lichtverhältnisse" und sorgt dafür, dass bei Dämmerung der Schalter die an ihm angeschlossene Beleuchtung einschaltet und am nächsten Morgen wieder ausschaltet. Er funktioniert ähnlich wie ein normaler Lichtschalter und kann auf eine ähnliche Weise mit der Beleuchtung verbunden werden.

Einige Dämmerungsschalter sind direkt für den Einbau in eine normale Schalterdose gedacht, und benötigen keinen zusätzlichen Nullleiter (Abb. 58a), andere sind als „Aufputz-Geräte" ausgelegt oder brauchen – um funktionieren zu können – neben der Phase auch einen Nullleiter (Abb. 58b).

Bei der Installation eines Dämmerungsschalters sollte die Schalter-Fotozelle so ausgerichtet werden, dass sie nicht von unerwünschten Lichtquellen (darunter Straßenlaternen) beeinflusst oder gestört werden kann.

Die Einschalt- und die Abschaltschwelle ist bei den meisten Dämmerungsschaltern einstellbar (bei einigen nur als eine gemeinsame Schwelle, bei anderen als zwei separate Schwellen für das Ein- und das Ausschalten). Die meisten Dämmerungsschalter sind zudem so ausgelegt, dass sie mit einer gewissen Verzögerung (von ca. 25 bis 100 Sekunden) ein- oder ausschalten. Somit reagieren sie nicht auf vorübergehend auftretende Lichtveränderungen, die z.B. von Scheinwerfern vorbeifahrender Autos verursacht werden.

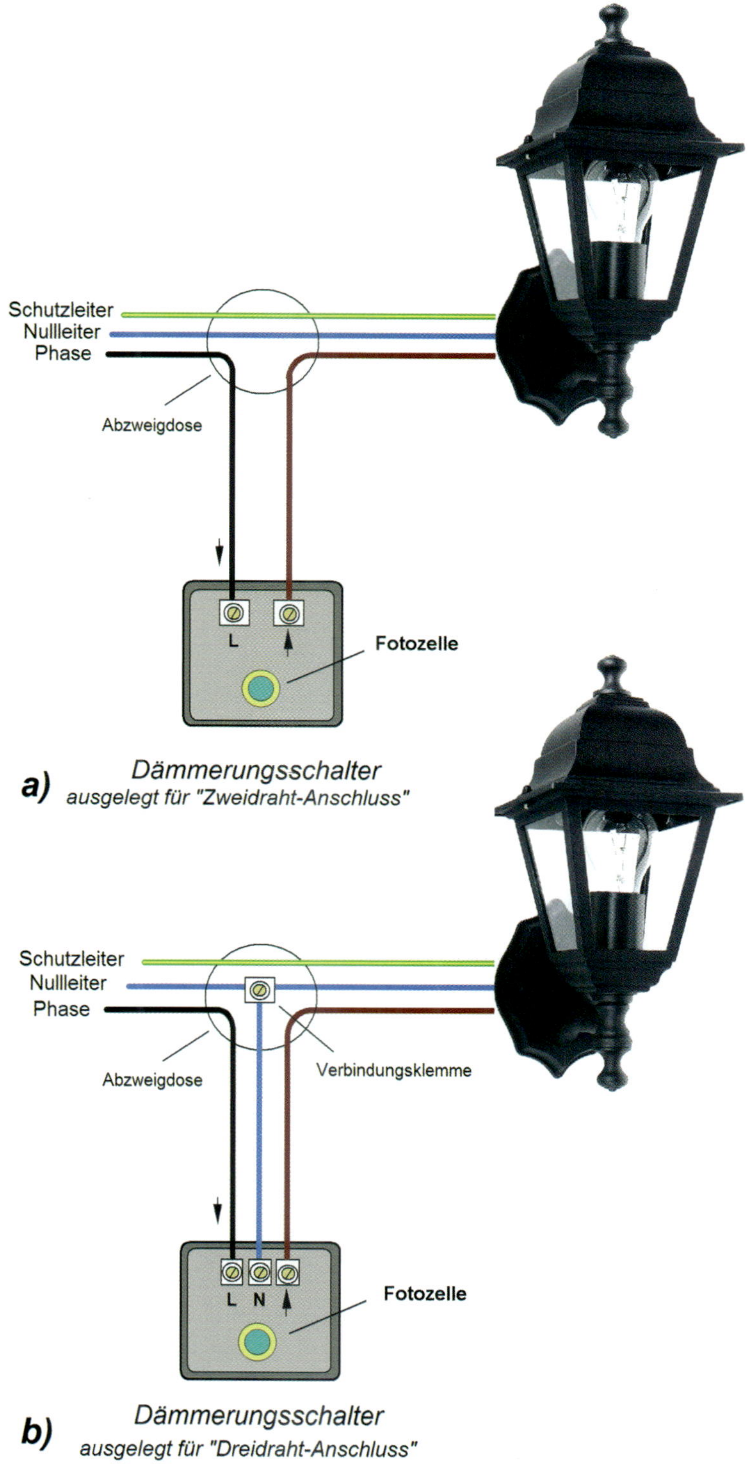

Abb. 58: Elektroanschluss eines Dämmerungsschalters: a) Dämmerungsschalter, die nur für einen Phasenanschluss ausgelegt sind, werden ähnlich wie normale Lichtschalter angeschlossen; b) Manche Dämmerungsschalter benötigen auch einen Nullleiteranschluss.

Annäherungsschalter/Bewegungsmelder

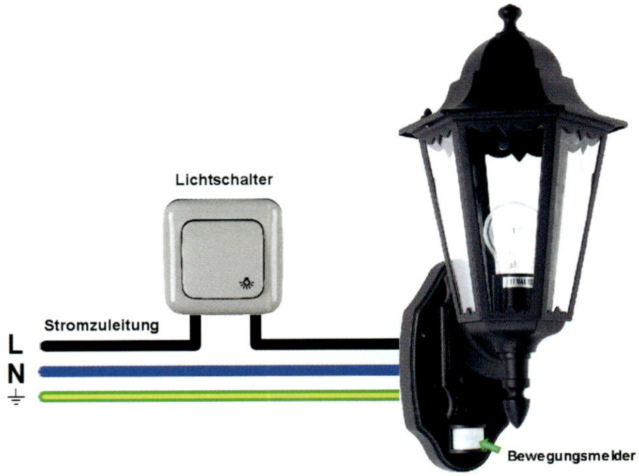

Abb. 59: Lampen, in denen ein Bewegungsmelder integriert ist, werden auf dieselbe Weise an das Netz angeschlossen, wie andere „herkömmliche" Lampen.

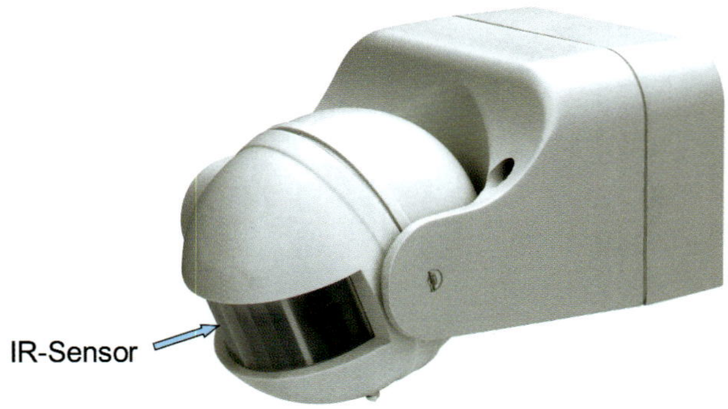

Abb. 60: Ausführungsbeispiel eines Annäherungsschalters, der als selbstständiger Baustein ausgeführt ist (Foto Conrad Electronic).

Annäherungsschalter, die alternativ auch als PIR-Bewegungsmelder bezeichnet werden, sind entweder als selbstständige Bausteine erhältlich oder werden bereits herstellerseitig in Lampen integriert (Abb. 59). Das „PIR" steht für „passiv-infrarot".

So ein Annäherungsschalter nimmt eine Veränderung bzw. auch ein Auftreten von Infrarotlicht wahr, das alle Lebewesen (aber auch Pflanzen) ausstrahlen und reagiert darauf z.B. mit dem Einschalten der Leuchte, in der er integriert ist, bzw. die an ihm angeschlossen ist.

Diese Bausteine bringen es leider immer noch nicht zufriedenstellend fertig, z.B. eine streunende Katze oder eine Fledermaus von einem Menschen (oder einem Auto) zu unterscheiden und reagieren auf Bewegung von Zweigen, Blättern bzw. manche von ihnen sogar auf Luftbewegung (auf eine Brise).

Bei einigen Bewegungsmeldern wird dieses Handicap dadurch etwas behoben, dass sie in horizontaler Richtung nur für einen schmalen Einstrahlwinkel ausgelegt sind und somit z.B. in einem schmalen Korridor nur auf „höher geratene" Lebewesen reagieren. Eine Katze oder ein kleiner Hund lösen somit (unter günstigen Umständen) das Licht nicht aus. Theoretisch geht zwar auch hier das Probieren über Studieren, aber in der Praxis eignen sich solche Leuchten im Prinzip nicht unbedingt für Innenräume, in denen auch Haustiere frequentieren. Im Außenbereich ist mit noch mehr Fehlfunktionen zu rechnen, die sich als stressende Schaltvorgänge auswirken können (wenn z.B. das Licht der fehlgesteuerten Beleuchtung nachts im Schlafzimmer wahrgenommen wird).

Für viele Anwendungen ist es erforderlich, dass ein Annäherungsschalter auch über einen eingebauten Dämmerungsschalter verfügt, der die Schaltfunktion nur nach der Dämmerung aktiviert. Dies wird jedoch bei den meisten Leuchten, die mit einem Bewegungsmelder versehen sind, automatisch gehandhabt.

Ein Annäherungsschalter benötigt eine eigene Stromzufuhr (typenabhängig u.a. 12, 24 oder 230 V-). Ansonsten ist bei seinem Anschluss nur darauf zu achten, dass die richtigen Leiter an die richtigen Klemmen so angeschlossen werden, wie es der Hersteller im beiliegenden Anschlussplan erläutert. Bei eventuellem Zweifel kann eine provisorische Probeschaltung über die Funktion Klarheit verschaffen.

Infrarot- oder funkgesteuerte Lichtschalter & Dimmer

Die Infrarot-Fernbedienung wird auch für das Schalten und Dimmen von Lampen verwendet. Einige dieser Schalter und Dimmer können mit bestehenden Audio-/Video-Fernbedienungen geschaltet werden. Sie sind entweder als „Zwischenstecker-Schalter" oder als Wandschalter ausgelegt.

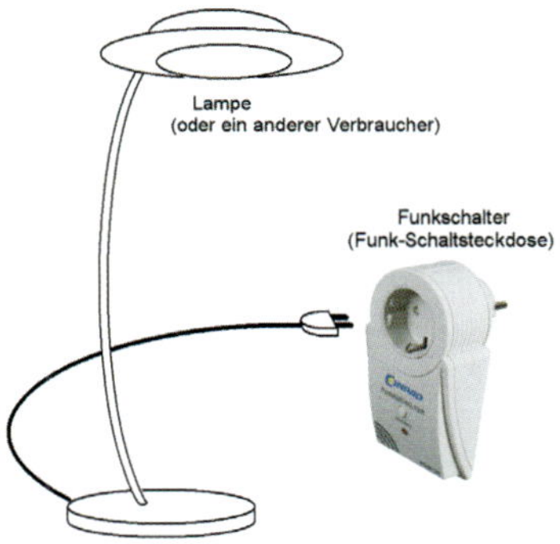

Abb. 61: Funkschalter, die als Zwischenstecker (Funk-Schaltsteckdosen) ausgeführt sind, lassen sich schnell und leicht installieren.

Funkschalter sind wahlweise nur als reine Schalter oder als Schalter und Dimmer (Helligkeitsregler) erhältlich. Ähnlich wie jede andere Fernbedienung bestehen sie aus einem Sender und einem Empfänger. Am leichtesten lassen sich Infrarot- oder Funkschalter installieren, die in der Form von normalen Lichtschaltern ausgeführt sind und an deren Stelle einfach in der Unterputz-Lichtschalterdose nach Abb. 62 untergebracht werden können.

Wie aus Abb. 62 hervorgeht, gibt es auch bei diesen Schaltern zwei unterschiedliche Grundausführungen: Die einen benötigen keinen zusätzlichen Nullleiter und können somit einfach anstelle eines bestehenden Lichtschalters an die zwei vorhandenen „Anschlussdrähte" nach Abb. 62 oben angeschlossen werden, die anderen benötigen einen zusätzlichen Nullleiter nach Abb. 62 unten. Auf diesen Unterschied ist beim Kauf zu achten, denn nicht jede Zuleitung zum Lichtschalter ist mit einer Rohrleitung ausgeführt, in die sich der Nullleiter zusätzlich einziehen lässt. Falls jedoch neben dem Lichtschalter auch noch eine Steckdose installiert ist, kann der benötigte Nullleiter von der Steckdose abgezweigt werden.

Die Inbetriebnahme der Funkschalter setzt ein individuelles Abstimmen des Empfängers auf den Sender voraus. Dies muss jeder Kunde selber in die Hand nehmen, denn er hat dabei die Möglichkeit, dass er den Sendertasten unterschiedliche Schaltaufgaben zuteilt.

Die meisten Funksender sind herstellerseitig mit einem Code ausgelegt, der bei manchen Geräten ca. eine Million Kombinationen ermöglicht. Der Empfänger muss hier vor der Inbetriebnahme auf den Code des Senders abgestimmt werden (was in der jeweiligen Bedienungsanleitung erläutert wird). Achten Sie bitte vor allem bei der Anschaffung eines Einbau-Funkempfängers auf seine maximale Belastung.

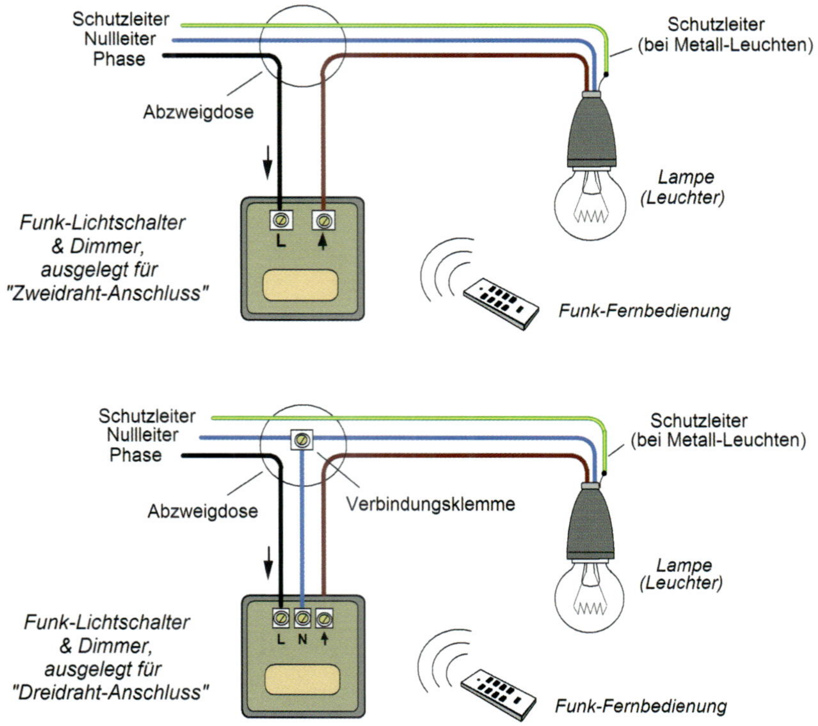

Abb. 62: Funkschalter, die anstelle von normalen Lichtschaltern installiert werden können, sind in zwei Ausführungen erhältlich: oben: für Anschluss ohne Nullleiter; unten: für Anschluss mit Nullleiter.

Steckdosen erneuern

Erforderliches Werkzeug

a) Phasenprüfer

b) kleinere Schraubendreher

Benötigte Arbeitszeit:

ca. 20 bis 30 Minuten

Unterputz-Steckdosen bestehen aus dem Steckdosen-Innenteil und aus einer Abdeckung, die ein- oder zweiteilig ist, in der Regel nur mit einer einzigen Schraube an der Steckdose hält und leicht demontiert werden kann:

Schritt 1

Spannungsprüfer

Schalten Sie den zuständigen Sicherungsautomaten aus und kontrollieren Sie anschließend mit einem Phasenprüfer, ob die Steckdose tatsächlich spannungsfrei ist

Schritt 2

Abdeckung losschrauben

Lösen Sie die Schraube in der Mitte der Steckdosenabdeckung.

Schritt 3

Abdeckung abnehmen

Ziehen Sie die Steckdosenabdeckung mit dem Steckdosenrahmen heraus und legen Sie sie ab.

Schritt 4

Befestigungskrallen?

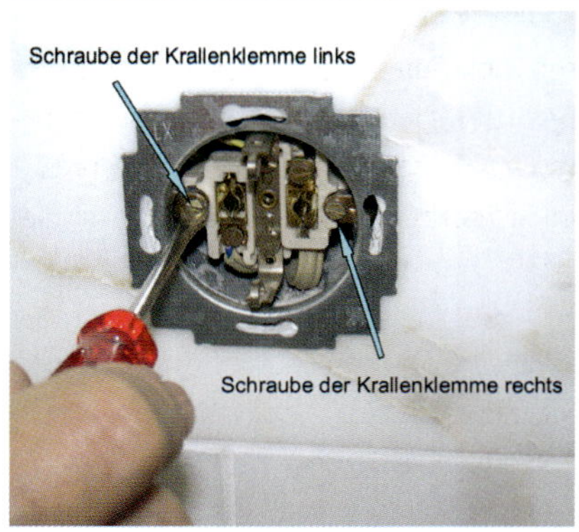

Drehen Sie die zwei Schrauben der Befestigungskrallen so weit auf, dass der Steckdoseneinsatz in der Wanddose nur noch ganz locker sitzt. Falls der Steckdoseneinsatz nur mittels zweier Schrauben an der Unterputz-Dose befestigt ist, lösen Sie diese Schrauben.

Steckdosen erneuern

Schritt 5

Einsatz herausziehen

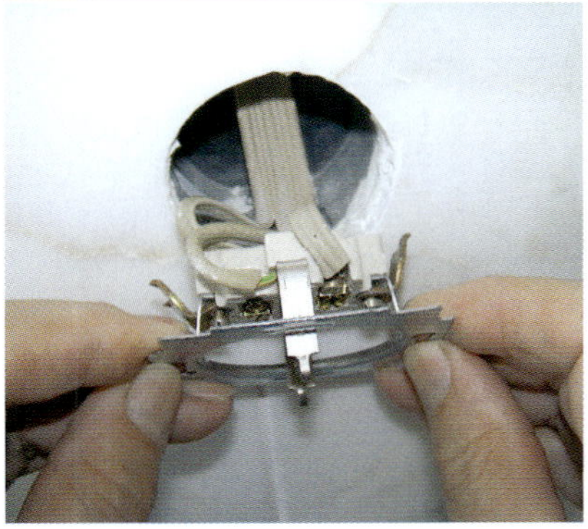

Ziehen Sie den Steckdoseneinsatz aus der Wanddose so weit nach vorne heraus, dass Sie die drei Anschlussleiter lösen können. Bei manchen Steckdosen sind die Anschlussleiter in Steckdosenklemmen angeschraubt, bei anderen sind sie in Steckklemmen eingesteckt. Nicht vergessen: Um den Leiter aus einer Steckklemme herausziehen zu können, muss der Lösehebel kräftig (bzw. sogar **sehr kräftig**) in Richtung zur Steckdosenmitte eingedrückt werden.

Alles klar? Die Montage einer neuen Steckdose erfolgt anschließend in umgekehrter Reihenfolge.

Falls die Steckdose in einem gemeinsamen Rahmen mit einer weiteren Steckdose untergebracht ist, ändert sich an den Vorgängen bei der Demontage nur wenig:

Schritt 1

Strom abschalten

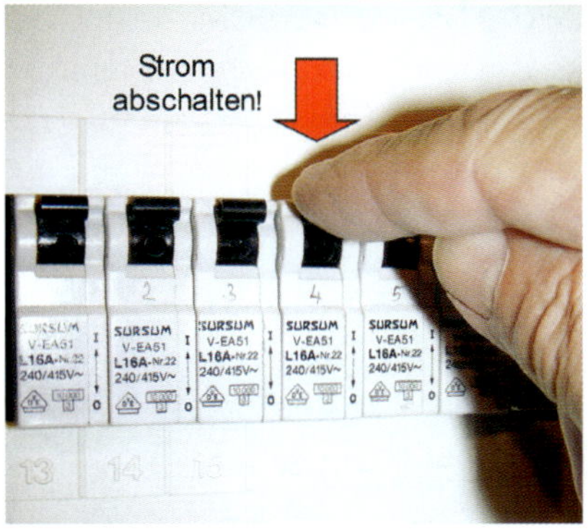

Schalten Sie den zuständigen Sicherungsautomaten aus und kontrollieren Sie anschließend mit einem Phasenprüfer, ob beide Steckdosen tatsächlich spannungsfrei sind.

Schritt 2

Steckdosenabdeckung…

Lösen Sie die Schraube in der Mitte der Steckdosenabdeckung bei beiden Steckdoseneinsätzen, um den gemeinsamen Rahmen abnehmen zu können.

Schritt 3

Steckdosenrahmen

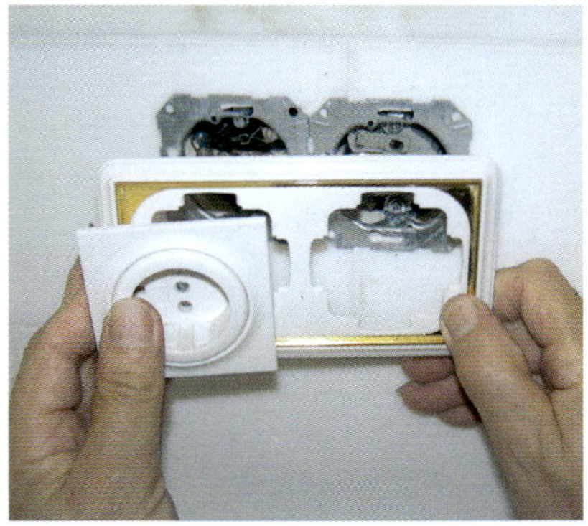

Nehmen Sie beide Steckdosenabdeckungen und den Steckdosenrahmen heraus und legen Sie diese ab.

Schritt 4

Spannungskontrolle

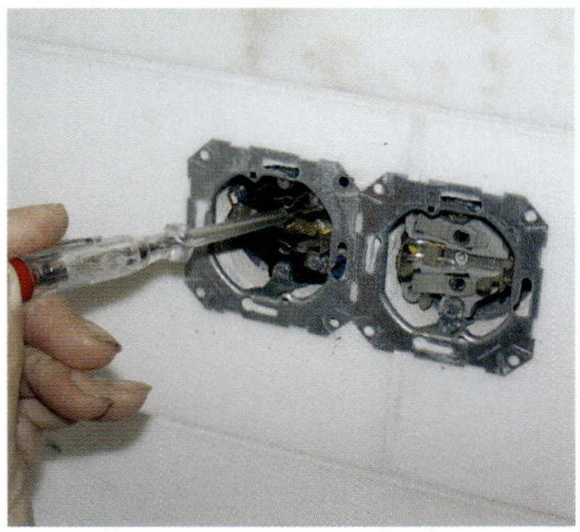

Kontrollieren Sie sicherheitshalber mit einem Phasenprüfer, ob alle Anschlüsse der beiden Steckdosen tatsächlich spannungsfrei sind.

Steckdosen erneuern

Schritt 5

Befestigungskrallen

Drehen Sie die zwei Schrauben der Befestigungskrallen der defekten Steckdose so weit auf, dass sich der Steckdoseneinsatz aus der Wanddose herausziehen und durch einen neuen Steckdoseneinsatz ersetzen lässt. Ein losgeschraubter Steckdoseneinsatz wird sich gegen ein volles Herausziehen wehren. Das hat seine Richtigkeit, denn er hängt ja noch an den drei Zuleitungsleitern, die während des Herausziehens vorsichtig zugebogen werden sollten, um die Leiter zu lockern, die eventuell in der Wanddose klemmen.

Bevor Sie nun die drei Schraubenklemmen lockern, unter denen (sichtbar) die drei Drähte eingeklemmt sind, vergewissern Sie sich, dass die Farben der angeschlossenen Leiter (Drähte) mit der Vorschrift übereinstimmen. Das erleichtert Ihnen eventuelles Kopfzerbrechen („mache ich denn auch alles richtig?") bei der Montage einer neuen Steckdose.

Bliebe noch zu erwähnen, dass manchmal die Steckdose zusammen mit weiteren Lichtschaltern unter einem gemeinsamen Abdeckrahmen sitzt. In dem Fall wird erst die Schraube des Steckdoseneinsatzes nach Abb. 63 gelöst und anschließend wird der gemeinsame Rahmen samt der Schalterwippe abgenommen (= herausgezogen), denn die Schalterwippe hält den Rahmen ebenfalls noch fest.

Abb. 63: Wenn sich eine Steckdose den Rahmen mit einem Lichtschalter teilt, wird erst die Schraube der Steckdosenbbdeckung gelöst (wie abgebildet) und anschließend muss der Rahmen samt der Lichtschalter-wippe(n) abgenommen werden

Bei einer einzelnen Steckdose ist es egal, durch welche Type sie ersetzt wird. In die Unterputz-Dose passen alle beliebigen Steckdosen hinein – sogar Doppel-Steckdosen. Durch eine Doppel-Steckdose kann bei Bedarf jede beliebige „Single-Steckdose" ersetzt werden.

Aufputz- oder Unterputz-Steckdosen, die als „spritzwasser- oder wassergeschützt" ausgeführt sind, werden im Außenbereich angewendet und ein eventuelles Auswechseln ist praktisch identisch mit dem einer normalen Innen-Steckdose.

Feuchtraum-Steckdosen, die als Aufputz-Steckdosen für einen Kabelanschluss ausgelegt sind, lassen sich meist leichter erneuern als Unterputz-Steckdosen. Das Kabel muss jedoch am Steckdoseneingang entweder mit einem gut dichtenden Gummidurchgang (Abb. 64) oder mittels einer Verschraubung „wasserdicht" festgeklemmt sein.

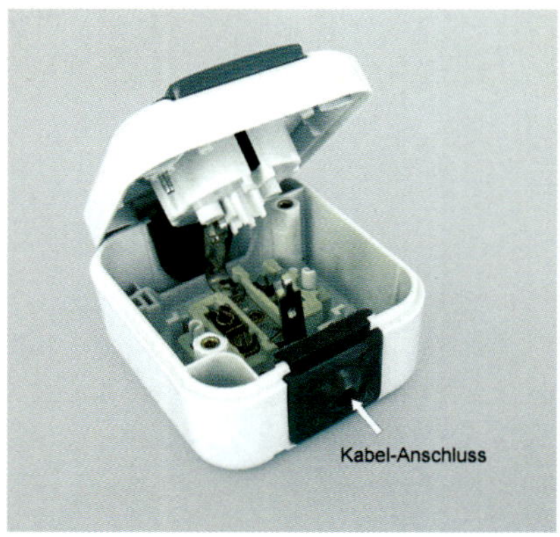

Abb. 64: Aufputz-Feuchtraum-Steckdosen sind überwiegend für Kabelanschlüsse ausgelegt.

Leitungen erneuern und erweitern

Installationsleitungen im Wohnbereich

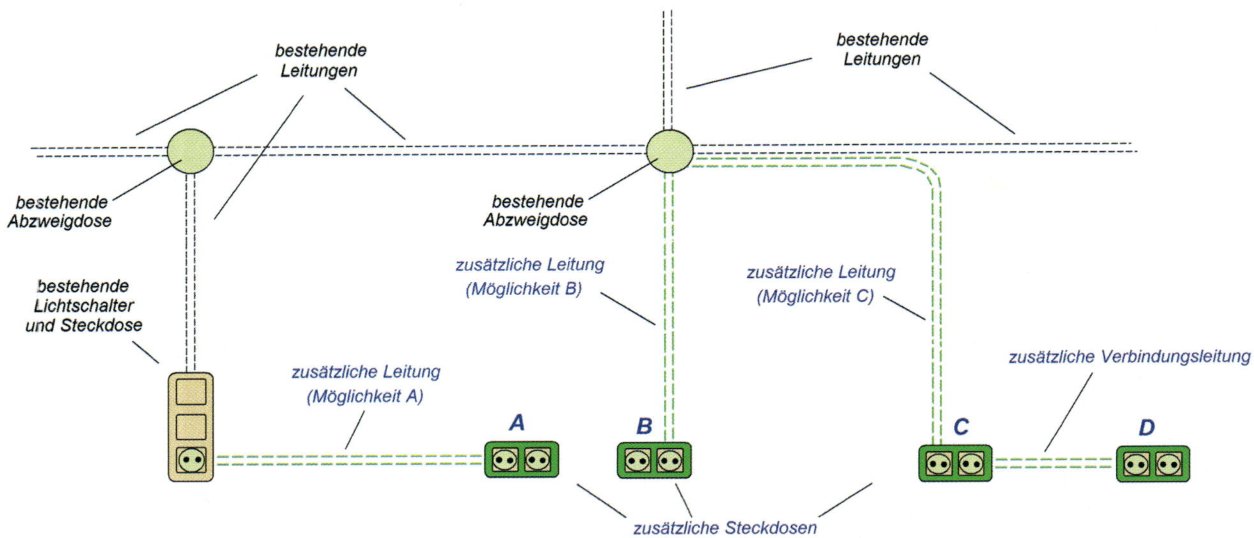

Abb. 65: Auch bei einem solchen Anliegen trifft der Slogan zu, dass viele Wege nach Rom führen…

Die meisten Innenrauminstallationen werden aus ästhetischen Gründen unter dem Putz verlegt. Das kann einem „Unerfahrenen" den Mut für eigenhändig ausgeführte Änderungen etwas dämpfen. Dabei ist der rein elektrotechnische Teil solcher Leistungen ziemlich simpel. Nur das Unterbringen der neu installierten oder verlegten Steckdosen, Schalter und der dazugehörenden Leitungen unter dem Putz stellt Ansprüche an eine gewisse Handfertigkeit und Geduld.

Im Prinzip geht dennoch bei eigenhändigem Anpacken alles viel reibungsloser, als wenn es fremden Handwerkern anvertraut wird, die oft im Handumdrehen die halbe Wohnung – oder das halbe Haus – in eine Baustelle verwandeln.

Zeit spart auf diese Weise der „Auftraggeber" bei kleineren „Fremdleistungen" erst recht nicht. Die internen Vorbereitungen, wie das Verschieben und Abdecken des „Inventars", das Warten auf die Handwerker, ihre Betreuung und eventuelle „Verpflegung" nehmen oft mehr Zeit in Anspruch, als wenn man gleich alles selber macht. Zudem kann beim Selbermachen auch wesentlich sorgfältiger darauf geachtet werden, dass die Wohnung nicht mehr verdreckt wird, als unbedingt notwendig ist und dass sie zu einem passenden Zeitpunkt dieser Attacke ausgesetzt wird.

Der passende Zeitpunkt für Unterputz-Installationen im Wohnbereich ist z.B. der Zeitpunkt, zu dem man die Wohnung bzw. den Wohnraum neu zu streichen oder zu tapezieren beabsichtigt.

Es kann zu der Lebensqualität angenehm beitragen, wenn bei dieser Gelegenheit einige zusätzliche Steckdosen oder Wandleuchtenanschlüsse installiert werden, die man schon immer gerne haben wollte. Ein Stromanschluss für ein elektronisches Wand-Foto-Display oder Markisen-Antrieb ist vielleicht auch erwünscht?

Ein solches „Miniprojekt" lässt sich schnell und leicht bewerkstelligen und auch das damit verbundene Einputzen der Leitungen in die Wand ist nicht schwierig. Über die Möglichkeiten und Arten der eigentlichen Durchführung finden Sie in diesem Buch genügend Ratschläge und Tipps. Sie müssen jedoch selber die „Spannungsquelle" ausfindig machen, an die Sie die zusätzliche Leitung anschließen. Abb. 65 zeigt einige der Möglichkeiten, von denen Sie einfach die auswählen, die den kürzesten Verbindungsweg darstellt.

Installationsleitungen im Wohnbereich

Für Elektroinstallationen im Wohnbereich stehen Ihnen in der Praxis vier empfehlenswerte Arten der Leitungen zur Verfügung:

a) **Flexible Kunststoffrohre** nach Abb. 66/67, in die einzelne Leiter (isolierte Kupferdrähte) hineingezogen werden. Abhängig von dem Querschnitt, von der Anzahl der vorgesehenen Leiter und von der Länge der Leitung wird wahlweise entweder ein Kunststoffrohr mit einem Durchmesser von 13,5 mm oder 16 mm verwendet (dies sind die zwei gängigsten Durchmesser, mit denen man üblicherweise gut zurechtkommt).

b) **PVC-Stangenrohre** nach Abb. 80 in die – ähnlich wie in die flexiblen Rohre – einzelne Leiter (isolierte Kupferdrähte) hineingezogen werden. Abhängig von dem Querschnitt, von der Anzahl der vorgesehenen Leiter und von der Länge der Leitung, wird auch hier überwiegend ein Rohrdurchmesser von 13,5 mm oder 16 mm verwendet (dies sind die zwei gängigsten Durchmesser, mit denen man üblicherweise gut zurechtkommt).

c) **Flachleitungen (Stegleitungen)** nach Abb. 70, die in trockenen Räumen ohne jeglichen weiteren Schutz als „betriebsfertige" Unterputzleitungen verlegt werden.

d) Runde Installationskabel (NYM-J-Kabel) nach Abb. 71, werden wahlweise entweder als Unterputz- oder auch als Aufputzleitungen bzw. auf Holz- oder Metallwänden in trockenen, feuchten und nassen Räumen verlegt. Aufputz-Kabelleitungen können z.B. für Kellerräume, Garagen oder – je nach den individuellen ästhetischen Ansprüchen – einfach in Räumen angewendet werden, in denen man sie nicht als „optisch störend" empfindet.

Für die Installation der Lichtschalter und Steckdosen in Innenräumen werden die gängigen Unterputz-Gerätedosen angewendet. Falls Sie nicht vorhaben, mehrere Dosen zu einer Einheit zusammenzustekken, können Sie ihre Tunnelstutzen abzwicken, um sich das Einstemmen in die Wände zu erleichtern. Für die Kabelzuleitung werden nur kleinere Eingangsöffnungen benötigt, die Sie am einfachsten z.B. durch Vorbohren mit einem ca. Ø 8- bis 10-mm-Holzbohrer nach Abb. 85 erstellen können (je nach dem Kabeldurchmesser bzw. je nach dem Vorrat an Holzbohrern). Eine eventuelle Vergrößerung der vorgebohrten Öffnung kann mit einer Feile erfolgen.

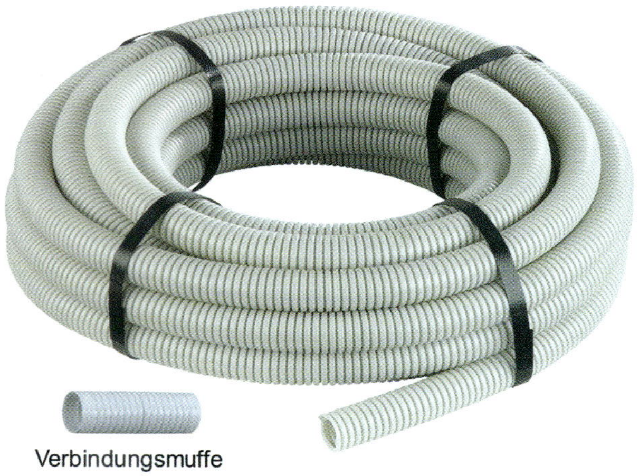

Abb. 66: FFKU-Rohr: Biegsames beiges Kunststoff-Isolierrohr aus PVC, leichte Druckfestigkeit, sehr biegsam ohne Querschnittverengung, geeignet für leichte Unterputz- und Hohlwand-Installationen, Material PVC-U (Foto/Anbieter: Conrad-Electronic).

Abb. 67: Panzerrohr: Biegsames schwarzes Kunststoff-Isolierrohr aus Polyolefin, leichte Druckfestigkeit, sehr biegsam ohne Querschnittverengung, verträgt höhere Temperaturen, leichtere mechanische Belastungen und ist geeignet für Unterputz- und Hohlwand-Installationen (Foto/Anbieter: Conrad-Electronic).

Installationsleitungen im Wohnbereich

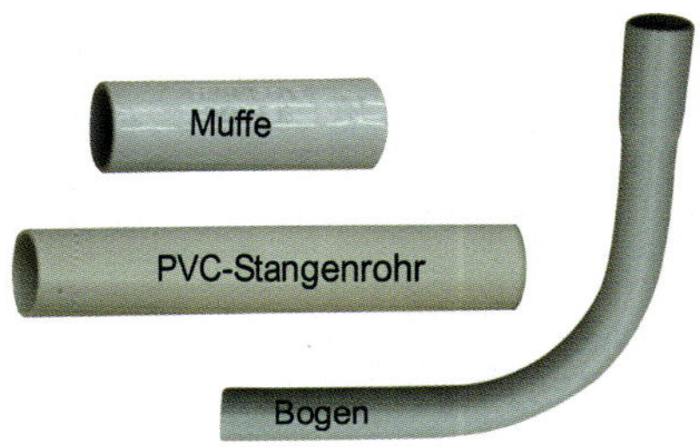

Abb. 68: PVC-Stangenrohr mit Muffe und Bogen

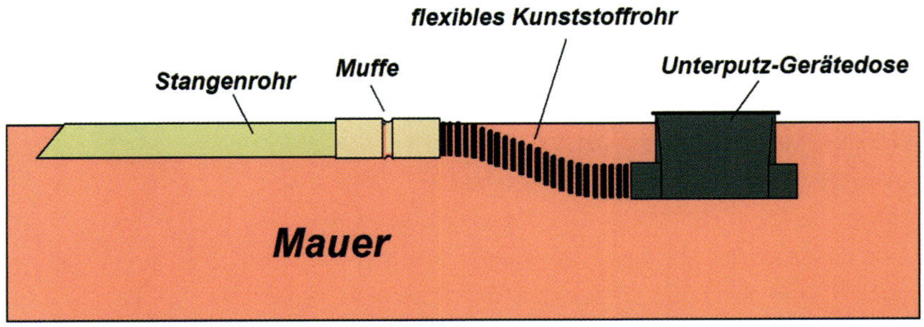

Abb. 69: Ein flexibles Kunststoffrohr kann als Verbindungsstück zwischen einem Stangenrohr und einer Gerätedose verwendet werden.

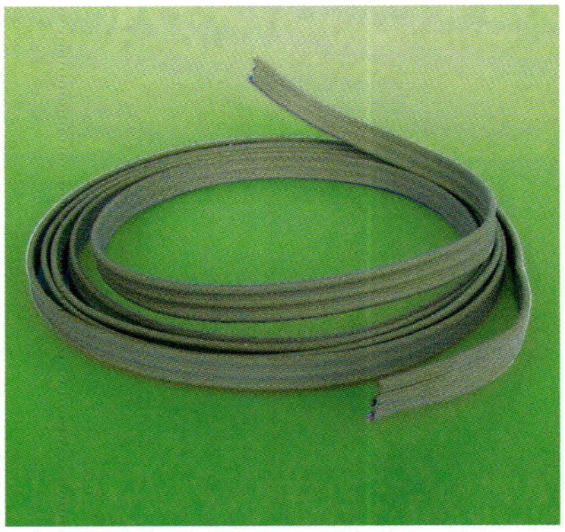

Abb. 70: Flachleitungen (Stegleitungen) sind als „Meterware" erhältlich.

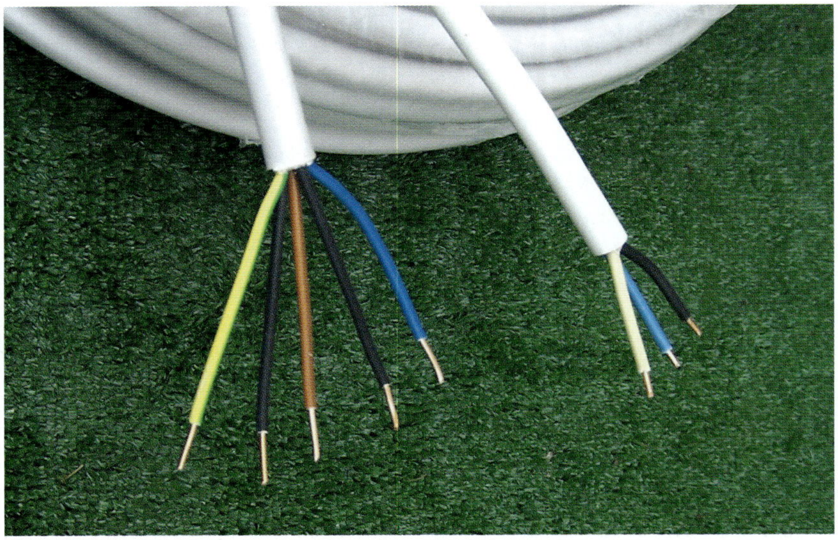

Abb. 71: **NYM-J-Kabel** sind meist wahlweise mit drei oder mit fünf Adern und mit Kupferleiter-Querschnitt von 1,5 mm^2 oder 2,5 mm^2 erhältlich.

Hinweis zu flexiblen Kunststoffrohren und Stangenrohren:

Für alle Installationsrohre dieser Typen werden die bereits beschriebenen Unterputz-Gerätedosen (für Lichtschalter und Steckdosen) verwendet. Wenn eine solche Gerätedose nur einseitig angeschlossen wird, kann bei Bedarf eine ihrer „Snap-Tunnelstutzen" mit einem Messer oder mit einem scharfen Seitenschneider entfernt werden (das erspart unnötiges Stemmen). Achten Sie dabei aber bitte darauf, dass Sie **nicht** die Stutze abschneiden oder abzwicken, die auf das verwendete Installationsrohr optimal passt (die Stutzen haben ja ungleiche Anschluss- bzw. Verbindungsdurchmesser). Wenn Sie als Installationsrohre Stangenrohre verwenden, die in der Mauer eingeputzt werden, können Sie für die eigentliche Verbindung des Stangenrohrs mit der Gerätedose ein Stück flexibles Kunststoffrohr anbringen. Das erleichtert den Anschluss an die Gerätedose, deren Tunnelstutze wesentlich tiefer unter dem Putz liegt, als das Stangenrohr eingestemmt werden muss.

Welche Leitung ist die Beste?

Jede der aufgeführten Leitungsarten hat gewisse Vor- und Nachteile, die jeweils nur in Hinsicht auf ein konkretes Vorhaben von Bedeutung sind.

Leitungen mit flexiblen Kunststoffrohren oder mit **PVC-Stangenrohren** haben den Vorteil, dass die Anzahl oder der Leiter, sowie die Leiterquerschnitte auch im Nachhinein geändert werden können. Stellt sich beispielsweise heraus, dass für die Deckenbeleuchtung noch ein zusätzlicher Leiter benötigt wird, kann dieser auch Jahre später problemlos in die Rohre hineingezogen werden.

Zu beachten: Es ist vorschriftswidrig, wenn in demselben Rohr neben Netzspannungsleitern auch Leiter oder Kabel (wie z.B. Telefon- oder Lautsprecherkabel) hineingezogen werden, die anderen Zwecken dienen. Dies sollte auch in Hinsicht auf die Risiken einer Verletzungsgefahr unbedingt vermieden werden.

Im Vergleich zu den festen PVC-Stangenrohren haben flexible Kunststoffrohre den Vorteil, dass sie keine separaten Bögen benötigen, da sie sehr biegsam sind und ohne Querschnittsveränderung auch zu einem ziemlich kleinen Radius in alle Richtungen gebogen werden können.

Einen gemeinsamen Nachteil haben diese beide Rohrleitungen: sie beanspruchen tiefere und breitere Schlitze als z.B. ein Installationskabel (von ca. Ø 9 mm) bzw. als eine Flachleitung, die nur etwa 3,8 mm dick ist (bei 1,5-mm^2-Kupferleitern). Für das Anlegen von Antennen-, Video- oder Telefonleitungen eignen sich am besten PVC-Leitungen mit Stangenrohren, in die sich im wahrsten Sinne des Wortes völlig reibungslos alle Kabeln hineinziehen lassen.

Abb. 72: Eine Ziegelwand besteht immer aus aufeinander gelegten und mit Mörtel verbundenen Ziegelreihen, in deren Fugen sich waagrechte Leitungen oft leicht mit einem Flachmeißel einstemmen lassen.

Bei einem Rohbau, in dem gegen eine kräftige Staubentwicklung noch nichts einzuwenden ist, werden die Rohrleitungen in die Mauern eingefräst. Diese Technologie schont auch das frische Mauerwerk vor unnötigen Erschütterungen, die bei einem Ausstemmen mittels Meißel auftreten. Ein Winkelschleifer mit Diamant-Steinsäge kann anstelle einer Wandfräse ebenfalls eingesetzt werden, eignet sich jedoch in Hinsicht auf die Verletzungsgefahr nur für Leitungsschlitze, die von einem festen Boden ausgehen bzw. gut begehbar sind.

Ansonsten ist beim Selbstbau ein konventionelles geduldiges Aushacken der Schlitze für die Rohrleitungen mit einem Flachmeißel angesagt. Waagrechte Schlitze werden (nach Abb. 72) bevorzugt in die relativ weichen Fugen zwischen den Ziegelreihen mit einem Meißel eingestemmt. Bei senkrechten Schlitzen macht man ebenfalls – soweit möglich – von vorhandenen senkrechten Fugen (Stoßfugen) Gebrauch.

Abb. 73: Bevor eine Rohrleitung mit einigen kleinen Portionen Gips in der Wand fixiert wird, kann sie mit ein paar schräg eingeschlagenen Nägeln provisorisch gehalten werden.

Diese Methode lässt sich bei einem Rohbau leichter anwenden als bei einer bereits verputzten Wand. Hier muss man eventuell erst wie ein Specht in dem Putz etwas herummeißeln, um vor allem die waagrechten Fugen zu finden. Abgesehen davon gibt man bei einer verputzten Wand einer Stegleitung oder einer Rundkabelleitung den Vorrang.

Vor dem Einputzen müssen die Rohrleitungen in der Mauer einen „Halt" bekommen. Dies geht am einfachsten mit einigen „Klecksen" Gips, „Goldband" oder einer „Füllspachtel" (im Abstand von ca. einem halben Meter).

Welche Leitung ist die Beste?

In maßgerecht erstellte Schlitze lässt sich eine Rohrleitung einfach nur fest hineindrükken und sie hält zumindest an einigen Stellen fest. Wo nicht, können provisorisch eingeschlagene Nägel (nach Abb. 73) der Leitung die erwünschte Position vorübergehend aufzwingen - bis sie an mehreren Stellen haltend „eingegipst" wird. Auf das eigentliche Verputzen kommen wir auf Seite 118 zurück.

Flachleitungen (Stegleitungen) eignen sich vor allem für kleinere zusätzliche Unterputz-Installationen (in trockenen Räumen). Da bei einer „vorschriftsgemäß" verputzten Wand der Putz mindestens 6 mm dick sein sollte (und in der Praxis oft bis zu 10 mm dick ist), brauchen die Schlitze für die Flachleitung meistens nicht in das eigentliche Mauerwerk eingestemmt werden, sondern können nur in den wesentlich weicheren Putz nach Abb. 74 leicht eingemeißelt und teilweise sogar nur eingekratzt werden. Dies kann vor allem bei Betonwänden bzw. bei Mauern aus harten Betonziegelsteinen viel Arbeit ersparen.

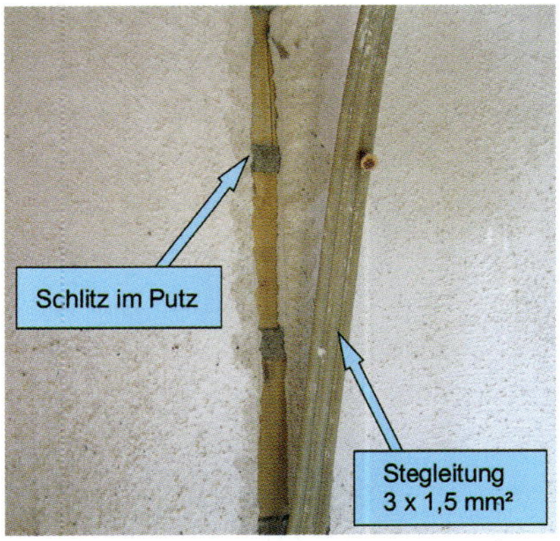

Abb. 74: Stegleitungen können nur im Putz verlegt werden

Eine Unterputz-Flachleitung (NYIF-J-Stegleitung) eignet sich nur für Elektroinstallationen in trockenen Räumen, zu denen in dieser Hinsicht auch das Badezimmer oder ein trockener Haushaltsraum mit Waschmaschine und Wäschetrockner gehört. Unter dem Putz trockener Kellerwände darf eine Stegleitung laut Vorschrift **nicht** bei Außenwänden verwendet werden, deren Außenseite vertieft in der Erde steht (diese Leitungssektionen können entweder mit Kunststoffrohren oder mit NYM-J-Rundkabeln ausgeführt werden).

In der gängigsten dreiadrigen Ausführung (3 x 1,5 mm²) ist die Leitung nur ca. 3,8 mm dick, ca. 18,6 mm breit und kann bei verputzten Wänden schnell und einfach nur in einen Schlitz im Putz verlegt werden. Bei unverputztem Mauerwerk wird sie nur an der Mauer mit kleinen speziellen Nägeln nach Abb. 75 befestigt, die mit kleinen Isolierscheiben versehen sind. Diese Nägel dürfen nur in die Mitte der Zwischenräume zwischen den Leitern so eingeschlagen werden, dass sie keine der kupfernen Leiteradern berühren.

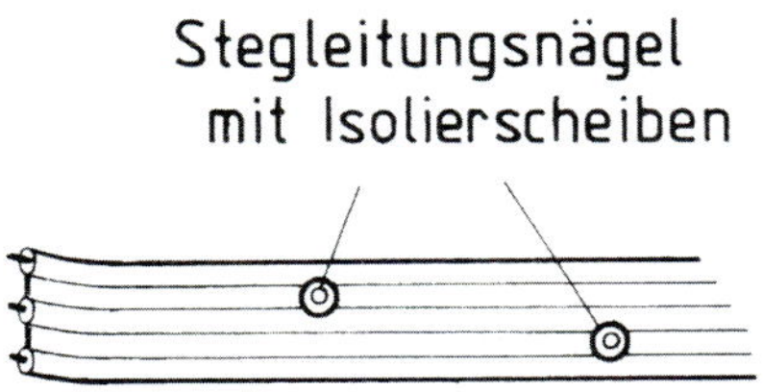

Abb. 75: Bevor eine Unterputz-Stegleitung (Flachleitung) definitiv eingeputzt wird, muss sie an einigen Stellen z.B. mittels speziellen Stegleitungsnägeln befestigt werden.

Kürzere Leitungen können auch erst nur provisorisch mit schräg eingeschlagenen Nägeln – wie die Rohrleitung in Abb. 73 – in der vorgesehenen Position gehalten und mit einigen Klecksen Gips in der Mauer fixiert werden. Die Stegleitungen sollten mindestens ca. 3 bis 4 mm unterhalb der Putzoberfläche gelegt werden, da andernfalls der Putz Risse aufweisen könnte (was jedoch von der Qualität des Putzes abhängt).

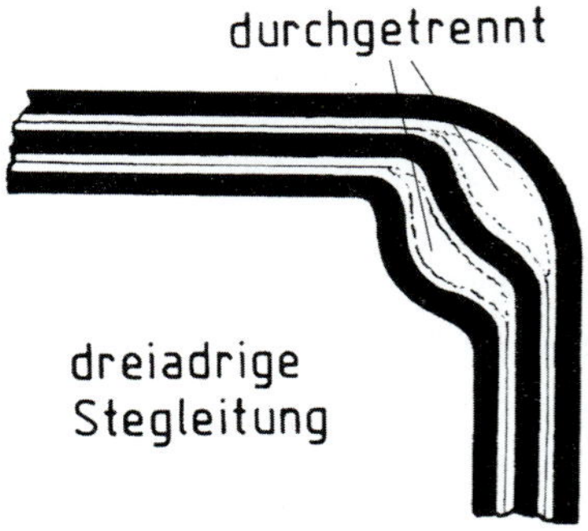

Abb. 76: Ein 90°-Bogen in der flachen Wand lässt sich mit der Flachleitung am besten auf die Weise bewerkstelligen, dass die Einzelleiter im „Bogenbereich" mit einem Messer in der Länge von ca. 15 cm vorsichtig voneinander getrennt und wie abgebildet als selbstständige Schlingen so geformt werden, dass sie flach an der Wand liegen.

Auch die an sich sehr flexible Isolation der Flachleitung verträgt keine zu scharfen Knicke. Hacken Sie daher in den Raumecke den Schlitz auch für diese Leitung angemessen tiefer ein, um da einen runden Bogen unterbringen zu können, der nach dem Verputzen nicht aus der Wand hervorsteht. Probieren Sie einfach an einem Stück Schutzleitung, wie sie sich verhält (das ist nicht nur markenabhängig sondern auch altersabhängig unterschiedlich, denn die Ummantelungen älterer Flachleitungen bröckeln oft sehr).

Welche Leitung ist die Beste?

Stegleitungen sind auch in zwei-, vier- und fünfadriger Ausführung und wahlweise mit einem 1,5- oder 2,5-mm²-Kupferleiterquerschnitt erhältlich (siehe hierzu auch Seite 70).

Zu den Nachteilen der Stegleitungen gehört, dass bei den handelsüblichen dreiadrigen Ausführungen die drei Leiter nur mit „Leiterfarben" (Farben der isolierenden Leiterummantelung) von schwarz, blau und grün/gelb erhältlich sind. Für einen zusätzlichen Steckdosen-Anschluss ist diese Lösung prima, aber für eine Zuleitung zum Lichtschalter bzw. zu einer Schalterkombination würde man nur schwarze und braune Leiterfarben benötigen. Andere Farben sind nicht nur vorschriftswidrig, sondern auch sehr irreführend und gefährlich (ein blauer oder gelb/grüner Leiter dürfte unter keinen Umständen die Phase leiten).

Bei den Zuleitungen zu den Lichtschaltern stellen die bestehenden Farben (schwarz - blau - grün/gelb) der „gängigen" Flachleiter also ein Problem dar. Wir benötigen hier ja einen schwarzen Leiter für die Zuleitung der Phase und einen ebenfalls schwarzen oder braunen Leiter als „Weiterleitung" der Phase vom Schalter zu der Lampe.

Niemand schaut uns zwar bei der Arbeit auf die Finger und wir könnten in Bezug auf die „Vorschriften" ein Auge zudrücken, aber davon ist in eigenem Interesse abzuraten. Eine Anwendung von falschen Leiterfarben bringt Chaos in die Installation, verursacht Denkfehler und erschwert eine eventuell spätere Suche nach Defekten oder nach den „richtigen" Leitern bei zusätzlichen Änderungen.

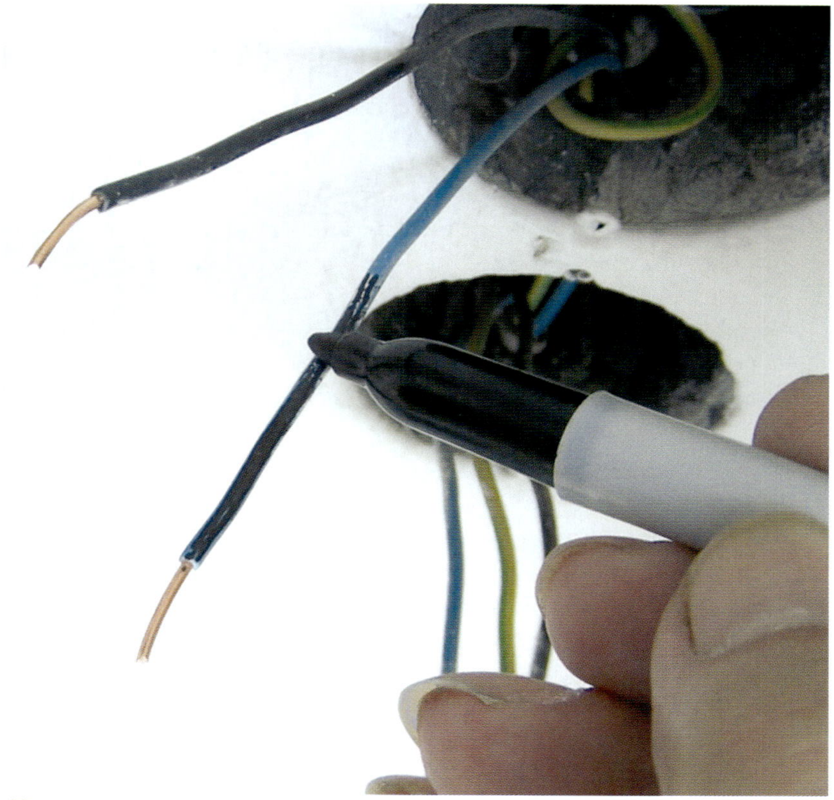

Abb. 77: Für die Lichtschalter-Zuleitung kann z.B. die sichtbare Isolation des blauen oder grün/gelben Leiters mit einem Permanentstift vollflächig geschwärzt werden.

Daher sollten unbedingt die vorschriftsmäßigen Leiterfarben eingehalten werden. Insofern es sich als zu schwierig erweist, eine zweiadrige Flachleitung mit zwei schwarzen oder braunen Leitern bei den zur Verfügung stehenden Bezugsquellen aufzustöbern (oder diese von einem Stück) muss etwas improvisiert werden: Am einfachsten auf die Weise, dass man die sichtbare blaue oder gelb/grüne Leiterisolation mit einem schwarzen Permanent-Filzstift einfach „übermalt".

Als eine andere Alternative bietet sich die Lösung an, dass von einer dreiadrigen Stegleitung nur der schwarze Leiter abgetrennt, und zu einer zwei- oder dreiadrigen Zuleitung aus separaten Leitern zum Lichtschalter zusammengesetzt wird, oder dass von einer fünfadrigen Leitung die benötigten Leiter abgetrennt werden (eine fünfadrige Stegleitung setzt sich aus einem grün/gelben, einem blauen, einem braunen und zwei schwarzen Leitern zusammen).

Welche Leitung ist die Beste?

Abb. 78: Runde **NYM-J**-Installationskabel lassen sich sehr einfach in den waagrechten Fugen zwischen den Ziegelreihen verlegen.

Abb. 79: Senkrechte Leitungen mit dem **NYM-J**-Installationskabel können leider nur teilweise in die waagrechten Fugen des Mauerwerks verlegt werden, da bei einer fachlich erstellten Mauer die senkrechten Fugen (Stoßfugen) der Ziegel versetzt sein müssen.

Abb. 80: Mit seitlich einschlagenen Nägeln und anschließend mit einigen Klecksen Gibs kann das **NYM-J**-Kabel im Mauerwerkfixiert werden und sein Dasein fristen, bis es verputzt wird.

Runde Installationskabel (NYM-J-Kabel) sind in den letzten Jahren sehr preiswert geworden und werden daher mit Vorliebe für Hausnetz-Installationen verwendet. Sie sind mit ihren Außendurchmessern von ca. 8,1 bis 9,1 mm (herstellerabhängige Unterschiede bei NYM-J / 3 x 1,5 mm²) zwar dicker als die Stegleiter, dafür benötigen sie aber wesentlich schmalere Schlitze im Putz bzw. teils auch im Mauerwerk. Installationskabel lassen sich sehr gut vor allem in waagrechten Fugen zwischen den Ziegeln eines Mauerwerks nach Abb. 78 verlegen. Dies gilt auch für verputzte Ziegelwände. Bei denen muss allerdings erst die Fuge (die Mörtelschicht) zwischen den Ziegelreihen gefunden werden.

NYM-J-Kabel sind in drei-, vier- und fünfadriger Ausführung bei einem Kupferleiterquerschnitt von 1,5 mm², in drei- und fünfadriger Ausführung beim Kupferleiterquerschnitt von 2,5 mm², und in fünfadriger Ausführung bei einem Kupferleiterquerschnitt von 4 mm² und 6 mm² erhältlich.

Bei senkrechten Leitungen können die Fugen (die so genannten „Stoßfugen") bestenfalls nur teilweise das Einstemmen des Leitungsschlitzes erleichtern, denn – wie Abb. 79 zeigt – werden hier die Ziegel versetzt gelegt. Somit kann auch bei einem sehr genau gelegten Mauerwerk eventuell nur jede zweite Fuge als Schlitz für das Kabel verwendet werden. Die restlichen Schlitze müssen dann zumindest etwa 5 bis 6 mm tief in die Ziegel eingestemmt werden. Das Kabel darf in dem Fall etwa 3 mm überhalb der nicht verputzten Ziegelwand „herausragen" und wird anschließend eingeputzt.

Bei kürzeren Leitungen – darunter z.B. Erweiterungsleitungen zu einigen neu installierten Steckdosen – kann das Kabel einfach provisorisch mit seitlich eingeschlagenen Nägeln gehalten und mit einigen Klecksen Gips (nach Abb. 80) fixiert werden (nachdem der Gips hart wird, sind die Nägel wieder zu entfernen).

Hinweis:

Die Ummantelungen der meisten Stegleitungen sind oft aus einem Material angefertigt, dass nach einigen Jahren Lagerung hart und brüchig wird wie eine alte Brotrinde. Das Anlegen von Vorräten für gelegentliche „Zukunftsprojekte" ist daher nicht zu empfehlen. Wenn Sie wegen einer Leitung von zwei oder drei Metern eine ganze Rolle Stegleiter kaufen müssten, würde sich der Kauf nicht lohnen. Sie können das benötigte Stückchen Stegleiter lieber bei einer Elektroinstallations-Firma beziehen oder die Leitung mit einem Installations-Rundkabel der Type NYM-J ausführen (das auch nach jahrelanger Lagerung keine Ermüdungserscheinungen aufweist, wenn es nicht an einem zu sonnigen Platz gelagert wurde).

Der optimale Leiterquerschnitt

Der optimale Leiterquerschnitt

Die Wahl der Elektroleiter für Elektroleitungen aller Art (also auch für Steg- und Rundkabel-Leitungen) richtet sich nach der Stromabnahme, die über diesen Leiter bezogen werden soll. Maßgeblich ist dabei – ohne Rücksicht auf die Art der Leiter (einzelne Leiter in Rohren, Kabel, Stegleitungen) – nur der eigentliche Leiter-Kupferkern, der nicht als Leiterdurchmesser, sondern als **Leiterquerschnitt in mm²** angegeben wird. Lautet bei einem Kabel die Bezeichnung z.B. als „**NYM-J / 3 x 1,5 mm²**", bedeutet es, dass dieses Kabel drei Leiter mit je einem Querschnitt von 1,5 mm² hat.

Bei privaten Hausnetzen werden üblicherweise für die Beleuchtung und Steckdosen nur Leiterquerschnitte von 1,5 oder 2,5 mm² verwendet, für den Drei-Phasen-Anschluss eines Elektroherdes oder einer Heimwerkstatt-Drehstrom-Steckdose wird ein Leiterquerschnitt von 4 mm² bevorzugt.

Leitungen, die schwer und jeweils langfristiger belastet werden – wie z.B. bei der Stromversorgung von Elektroherden, Waschmaschinen, Wäschetrocknern oder anderen stärkeren (und länger laufenden) Maschinen – heizen sich während einer kräftigeren Stromabnahme ziemlich auf. Sie sollten daher mit Leitern mit größerem Kupferquerschnitt angelegt werden und zudem darf man sie nicht mit anderen Leitungen in demselben Rohr verlegen, die sich ebenfalls aufwärmen bzw. aufwärmen könnten.

Folgende Querschnitte des eigentlichen Kupferleiters (der Kupferader) kommen bei einfacheren Hausinstallationen zum Einsatz:

a) 1,5 mm² für die Beleuchtung und für weniger belastete Steckdosen

b) 2,5 mm² für schwerer belastete Steckdosen (für Waschmaschinen, Wäschetrockner, Geschirrspüler, kleinere Küchenherde, Öl-Heizkessel)

c) 4 mm² für größere Elektroherde, Elektro-Boiler und für stärkere Maschinen in der Hobbywerkstatt bzw. Garage (darunter z.B. ein Elektro-Schweißgerät)

Beim Kauf der Elektroleiter (Installationsdrähte) brauchen Sie nur den Querschnitt und die Farben anzugeben. Über die Art der Isolation müssen Sie sich keine Gedanken machen, denn die wird automatisch in Ordnung sein.

Mit den Grundfarben der Leiter ist es einfach: **schwarz** für die **Phase**, **blau** für den **Nullleiter** und **gelb/grün** für den **Schutzleiter**. Neben diesen Grundfarben gehört zu den handelsüblichen Farben u.a. auch **braun** (für die geschaltete Phase).

Die Aufstellung in der Tabelle I zeigt, welche Elektroleitungen sich für die Installationen in Haus und Garten konkret am besten eignen.

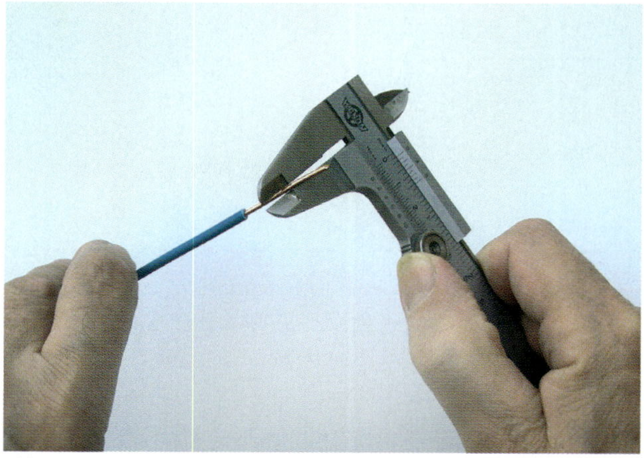

Abb. 81: Mit einem Messschieber kann der Durchmesser eines elektrischen Leiters genau ermittelt werden (den Leiter-Querschnitt, mit dem in der Elektrotechnik gerechnet wird, kann dann der Tabelle II auf der übernächsten Seite entnommen werden)

Der optimale Leiterquerschnitt

Tabelle I: Übersicht der gängigsten Leiter für Elektroinstallationen in Haus und Garten

Stegleitung NYIF (Flachleitung) erhältlich mit zwei bis fünf Adern	1,5 oder 2,5 mm²	Als Unterputz-Leitungen in trockenen Räumen. Die Stegleitung ist nur ca. 3,8 mm dick und kann daher leicht unter dem Putz untergebracht werden.
Flexible Rohrleitung mit einem Durchmesser von Ø 13,5 oder 16 mm	1,5 / 2,5 / 4 / 6 / 10 / 16 mm² und mehr (wobei für Innenräume meist nur 1,5- bis 4-mm²-Leiter verwendet werden)	Als Unterputz- oder Aufputz-Leitung in praktisch allen Innenräumen, auch im Bad. Der Vorteil dieser „traditionellen" Lösung: In die Rohrleitung können auch im Nachhinein zusätzliche Leiter hineingezogen werden. Nachteil: Der relativ große Rohrdurchmesser beansprucht mehr Stemmarbeit – was vor allem bei zusätzlichen Installationen in bereits verputzten Räumen das Vorhaben etwas kompliziert.
PVC-Kabel NYM-J (Mantelleitung) Außendurchmesser ca. Ø 8 mm beim 3 x 1,5 mm²-Kabel. Im Handel, worunter bei Baumärkten, ist dieses Kabel oft sehr preiswert, wahlweise als 3 x 1,5 mm² oder als 5 x 1,5 mm² erhältlich.	ab 1,5 mm² aufwärts mit fast beliebig vielen Leiteradern (bis zu etwa 50 x 1,5 mm²)	Als Unterputz- oder Aufputz-Leitung sowohl in allen trockenen, als auch in feuchten Räumen und im Freien an Stellen, die von der Sonne nicht bestrahlt werden (Sonnenstrahlen machen die PVC-Kabelummantelung brüchig). Vorteil: kleiner Außendurchmesser, günstiger Preis und vielseitige Anwendungsmöglichkeiten. Nachteil: Etwas schwierigeres Abisolieren der Kabelenden, da hier jeweils erst die PVC-Ummantelung entfernt werden muss (mit z.B. einem feineren Seitenschneider und/oder Messer).
Kunststoff-Erdkabel NYY-J Oft nur im Elektro-Fachhandel erhältlich (diese Kabeltype ist z.Z. das preisgünstigste Erdkabel)	ab 1,5 mm² aufwärts mit fast beliebig vielen Leiteradern	Dieses Kabel kann sowohl direkt in die Erde, als auch im Freien (auf Mauern, Pergolen, Carports u. Ä. mittels Kabelklemmen) verlegt werden. Geeignet auch für Feuchträume oder für dieselben Anwendungen wie das vorhergehende Kabel, Typ NYM-J.

Da bei elektrischen Leitern nicht der Durchmesser, sondern der Querschnitt, als elektrisch leitende Schnittfläche des Leiters (des Kupferdrahtes oder der Kupferlitze) angegeben wird, rechnet man hier mit der **Leiterschnittfläche in mm²**.

Wenn Sie bei einem unbekannten Leiter seinen Querschnitt in mm² ermitteln möchten, geht es am genauesten mit einer Schieblehre. Der auf diese Weise festgestellte Leiterdurchmesser ist nicht mit dem Leiterquerschnitt identisch – wie aus der Tabelle II hervorgeht.

Wir haben in diese Tabelle gleich auch den Ohmschen Leiterwiderstand pro 10 Meter Leiterlänge beigefügt, der sich für eventuelle Berechnungen der Spannungs- und Leistungsverluste in der Leitung als dienlich erweisen kann.

Der optimale Leiterquerschnitt

Tabelle II: Leiterquerschnitt, Leiterdurchmesser und der Ohmsche Leiterwiderstand in Ω (Ohm)

Leiterquerschnitt	Leiterdurchmesser	Widerstand pro 10 m Länge
0,75 mm^2	0,98 mm	0,232 Ω
1 mm^2	1,13 mm	0,178 Ω
1,5 mm^2	1,38 mm	0,117 Ω
2,5 mm^2	1,78 mm	0,07 Ω
4 mm^2	2,25 mm	0,045 Ω
6 mm^2	2,75 mm	0,03 Ω
10 mm^2	3,60 mm	0,018 Ω
16 mm^2	4,50 mm	0,012 Ω

In Hinsicht auf die ständig steigenden Stromkosten kann es sich bezahlt machen, wenn man die unnötigen **Energieverluste in der Leitung** auf ein vernünftiges Minimum dadurch beschränkt, dass der Leiterquerschnitt etwas großzügiger dimensioniert wird.

Die ursprünglichen Elektroinstallationsvorschriften haben bisher in dieser Hinsicht im Prinzip nur darauf geachtet, dass der Leiterquerschnitt ausreichend groß ist, um zu verhindern, dass sich die Leitung durch einen zu hohen internen Energieverlust zu sehr aufwärmt. Zudem wurde ein Spannungsverlust von bis zu 3 % (= 6,9 V bei einer 230-V-Netzspannung) in Kauf genommen. Größer darf „vorschriftsmäßig" der Leiterquerschnitt sein – da gibt es theoretisch keine Grenzen.

In der Praxis wird ein Heimwerker sicherlich anstreben, dass die Spannungsverluste – und damit die Energieverluste – in seinen Leitungen möglichst wesentlich niedriger bleiben, als die Vorschrift verlangt. Allerdings wird hier die Schnittstelle zwischen dem Kosten- und Arbeitsaufwand für eine zu großzügig dimensionierte Leitung und der Einsparung der Energiekosten mitbestimmend sein.

Was man sich nun unter diesen Überlegungen konkret vorstellen dürfte, zeigen wir an einem praktischen Beispiel:

Ein neuer Wäschetrockner benötigt eine **10 m** lange Stromzuleitung. Der elektrische Strom fließt von dem Verteilerschrank jeweils in einer Schleife, die aus Phase und Nullleiter besteht. Bei der Berechnung der Leistungsverluste muss daher die Länge der ganzen „Strecke" von **2 x 10 m** (= 20 m) einbezogen werden.

Wir müssen zudem erst dahinter kommen, welchen Strom (in Ampere) der Wäschetrockner tatsächlich benötigt. Im Prospekt des Wäschetrockners steht:

Anschlusswert 230 V, 16 A, 3.1 kW. Am Typenschild an der Rückseite des Wäschetrockners steht nochmals, dass es sich um einen „3,1-kW-Verbraucher" handelt.

Die im Prospekt als „Anschlusswert" angegebenen 16 A beziehen sich nicht auf die tatsächliche Stromabnahme des Trockners, sondern nur auf den erforderlichen Sicherungsautomaten. Für unsere weitere Berechnung können wir daher diese 16 A (Ampere) vergessen und rechnen uns lieber selber die tatsächliche Stromabnahme aus:

Anstelle der 3,1 kW (3,1 Kilowatt) muss in die Formel die Leistung in Watt eingegeben werden. Mit der Umrechnung Kilowatt in Watt ist es ähnlich wie bei Kilometern: 3,1 Kilowatt = 3.100 Watt. Der Rest ist einfach:

3100 Watt : 230 Volt (Netzspannung) = 13,5 Ampere (A)

Die 13,5 Ampere stellen den tatsächlichen Strombedarf des Trockners dar, den wir für weitere Berechnungen der Leistungsverluste in der Leitung benötigen.

Wir sehen uns erst an, welche Energieverluste an einer Leitung entstehen würden, die in diesem Fall mit einem **3 x 1,5-mm²-**Kabel (oder mit drei 1,5-mm²-Leitern in einem flexiblen Rohr) ausgeführt wird:

Der Ohmsche Widerstand einer solchen Leitung beträgt nach Tab. II nur „bescheidene" **0,117 Ω (Ohm)** pro 10 m Länge. Wir müssen jedoch bei einer Leitungslänge von 10 m das Doppelte (also 20 m) berechnen, denn die Energieverluste entstehen in der ganzen Schleife, die aus dem Phasenleiter und dem Nullleiter besteht. Das ergibt **0,234 Ohm (Ω)** (2 x 0,117 Ω).

Wenn wir nun diese **0,234 Ohm** mit dem vorher ausgerechneten Strombedarf von **13,5 Ampere** multiplizieren, ergibt es (laut Ohmschem Gesetz) einen **Spannungsverlust**

von 3,16 Volt in der Zuleitung (0,234 Ω x 13,5 A = 3,159 V). Bei einer Netzspannung von 230 Volt scheint dieser Spannungsverlust auf den ersten Blick eigentlich ziemlich winzig zu sein. Ist dem aber wirklich so?

Wenn wir diesen scheinbar winzigen „Spannungsverlust" von **3,16 Volt** mit dem Strom von **13,5 Ampere** multiplizieren, ergibt es einen verblüffend hohen **Leistungsverlust von 42,6 Watt**.

Das bedeutet, dass uns in der Leitung eine Leistung verloren geht, die während der maximalen Stromaufnahme der Waschmaschine höhere Stromkosten verursacht, als eine 40-Watt-Glühbirne.

Diese „verschenkte Energie" lässt sich verringern, wenn Leiter mit einem größeren Querschnitt verwendet werden, der einen niedrigeren Ohmschen Widerstand hat. Auf dieselbe Weise wie bei dem vorhergehenden Beispiel können wir uns nun ausrechnen, wie sich der Energieverlust verringert, wenn der Leiterquerschnitt von den vorhergehenden 1,5 mm^2 auf 2,5 mm^2 erhöht wird:

Der Ohmsche Widerstand eines **2,5-mm^2**-Leiters beträgt (laut Tabelle II) **0,07 Ω** pro 10 m und somit **0,14 Ω** pro 20 m Leitungslänge.

Wenn wir nun diese **0,14 Ohm** mit dem vorher ausgerechneten Strombedarf von **13,5 Ampere** multiplizieren, ergibt es in der Zuleitung einen **Spannungsverlust von nur 1,89 Volt**.

Wir rechnen weiter:

1,89 Volt x 13,5 Ampere = 25,5 Watt

Geben wir uns mit diesem Leiterquerschnitt zufrieden? Dazu zwingt uns niemand! Also sehen wir uns noch an, wie sich der Energieverlust verringern würde, wenn bei diesem „Projekt" der Leitungsquerschnitt auf 4 mm^2 erhöht wird:

Der Ohmsche Widerstand eines **4-mm^2**-Leiters beträgt (laut Tabelle II) **0,045 Ω** pro 10 m und somit **0,09 Ω** pro 20 m Länge.

Wenn wir nun diese **0,09 Ω** (Ohm) wieder mit dem vorher ausgerechneten Strombedarf von **13,5 Ampere** multiplizieren, ergibt es in der Zuleitung einen **Spannungsverlust von 1,21 Volt**. Und **1,21 Volt** multipliziert mit **13,5 Ampere** ergibt **16,3 Watt** an Leistungsverlust in der vorgesehenen Zuleitung. Das sieht schon wesentlich günstiger aus. Im Vergleich mit der 1,5-mm^2-Leitung (in der ein Verlust von stolzen 42,6 Watt entsteht), haben wir hier 26,3 Watt eingespart.

Dass alles im Leben seinen Preis hat, gilt natürlich auch für die Elektroleitungen. Eine noch stärkere Zuleitung mit z.B. 6-mm^2-Leitern wäre schon aus Kostengründen bei diesem Anliegen übertrieben und daher hören wir mit weiterem Herumrechnen auf. Letztendlich handelt es sich in diesem Beispiel um einen Wäschetrockner, der ja nicht laufend betrieben wird.

Bleibt somit nur noch die Wahl zwischen den 1,5-mm^2-, 2,5-mm^2- und 4-mm^2-Leitern.

Eine 1,5 mm^2-Leitung könnte jedoch bei derartig großen Energieverlusten quasi als ein elektrisches 42,6-Watt-Heizkissen betrachtet werden. Die Leiter und ihre PVC-Isolation, sowie auch alle mitbetroffenen Klemmverbindungen, können sich bei einer derartigen Strombelastung zu sehr aufwärmen, was eine Lockerung der eingeklemmten Leiter zufolge hat. Dies kann früher oder später entweder nur eine Unterbrechung der Verbindung oder auch eine Funkenentwicklung verursachen. Und - wie bereits an anderer Stelle erklärt wurde - Funken können einen Brand verursachen.

Somit dürften wir eine 1,5-mm^2-Zuleitung für dieses Vorhaben als ungeeignet ablehnen und nur noch zwischen einem Leitungsquerschnitt von 2,5 mm^2 oder 4 mm^2 die Wahl treffen. Vorschriftsgemäß würde hier eine 3 x 2,5-mm^2-Leitung völlig ausreichen. Da jedoch eine 3 x 4-mm^2-Leitung vom technischen Standpunkt vorteilhafter ist, kann es eine Überlegung wert sein, ob man ihr - trotz des etwas höheren Kostenaufwandes - nicht Vorrang geben sollte.

Konkret geht es bei dieser Überlegung darum, ob der Kostenaufwand die dadurch erzielte Energieeinsparung rechtfertigt bzw. zukunftsorientiert rechtfertigen kann, wenn die Strompreise noch weiter steigen werden, oder wenn eventuell noch andere „Stromfresser" dazu kommen.

Dies kann gerade bei einem Wäschetrockner, der z.B. nur etliche Stunden pro Monat betrieben wird, ziemlich fragwürdig sein, da der Energieverlust, den man in diesem Fall durch die Anwendung einer 4-mm^2-Leitung anstelle einer 2,5-mm^2-Leitung einspart, nur 9,2 Watt beträgt. Das kommt zwar immerhin mit dem Verbrauch einer Energiesparlampe (die z.B. als Außenlampe installiert ist) überein, ergibt jedoch eine einzige Kilowattstunde pro ca. 109 „Vollbetriebsstunden" des Trockners.

Der optimale Leiterquerschnitt

Das ist zwar ein ziemlich bescheidenes Ergebnis, aber nur in Hinsicht auf das gewählte Beispiel. Wenn anstelle eines Wäschetrockners z.B. ein größerer Küchenherd oder eine größere elektrische Klimaanlage betrieben wird, kann die Energieeinsparung wesentlich höher werden. Und nicht außer Acht lassen, dass wir hier in unserem Beispiel mit einer Leitungslänge von 10 m gerechnet haben. Der Energieverlust steigt bzw. sinkt proportional, wenn die Leitung länger bzw. kürzer als die vorgesehenen 10 m ist.

In der Praxis wird neben einem Wäschetrockner in der Regel ohnehin auch noch eine Waschmaschine stehen und oft gleichzeitig Strom beziehen. Der Stromverbrauch kann dann insgesamt bis in die Nähe von 25 Ampere steigen und in dem Fall wäre eine gemeinsame 3 x 2,5-mm²-Stromzuleitung (Phase, Nullleiter, Schutzleiter), die länger als ca. 10 m ist, ziemlich „unterdimensioniert". Hier verdient unter Umständen eine 3 x 4-mm²-Zuleitung Vorrang, wenn im Haushalt die Waschmaschine und der Wäschetrockner (bzw. auch noch eine elektrische Mangel oder ein kräftiges Bügeleisen) häufig zum Einsatz kommen – obwohl sich die Vorschrift mit einem 2,5-mm²-Leitungsquerschnitt zufrieden gibt.

Dieses eine Beispiel dürfte als „Lernbeispiel" für die Berechnung beliebiger Installationsleitungen dienen. Auch dort, wo es nur um die Frage geht, ob für den vorgesehenen Anschluss „gerade noch" z.B. ein preiswertes 1,5-mm²-Kabel (das oft als „Sonderangebot" im Baumarkt erhältlich ist) angewendet werden kann.

Für diejenigen, die vom zu vielen Herumrechnen nichts halten, haben wir in der Tabelle III eine Schnellübersicht der optimalen Leitungsquerschnitte für die gängigsten Vorhaben erstellt. Es handelt sich dabei um eine Dimensionierung, die teilweise etwas großzügiger (zugunsten niedrigerer Energieverluste) ausgelegt ist, als die Vorschriften „minimal" verlangen.

Tabelle III: Empfohlene Leiterquerschnitte für einfachere Elektroinstallationen

Anliegen	Maximale Länge der Leitung	Leiteranzahl und Querschnitt
a) Steckdosen für Geräte der Unterhaltungselektronik, Küchengeräte und andere Verbraucher bis max. insgesamt 1500 Watt pro Zuleitung, an die auch mehrere Steckdosen angeschlossen werden b) Innen- und Außenbeleuchtung bis max. 1500 Watt bei normalen Glühlampen und Leuchtstofflampen bzw. bis ca. 1300 Watt bei 12-Volt-Halogenlampen (mit Transformatoren)	25 m	3 x 1,5 mm²
Wie vorher, jedoch bei Zuleitungen, die länger als 25 m sind bzw. an bereits bestehende längere Zuleitungen zusätzlich angeschlossen werden, wodurch die gesamte Leitungslänge zwischen dem Verteilerschrank und den elektrischen Verbrauchern die 25 m überschreitet	50 m	3 x 2,5 mm²
Mikrowelle, Geschirrspüler, Kühlschrank. Tiefkühltruhe, Außensteckdosen, Hobbywerkstatt-Steckdosen, kleinere Zimmer-Klimaanlage, Waschmaschine, Bügelmaschine u. Ä.	25 m	3 x 2,5 mm²
Wäschetrockner bzw. Wäschetrockner und Waschmaschine, die teilweise gleichzeitig betrieben werden	25 m	bevorzugt 5 x 4 mm²
Küchen-Elektroherd (mit Backofen), Dreiphasen-Elektro-Schweißgerät und Hauptzuleitungen zu Etagen, in denen eine größere Stromabnahme vorgesehen ist	25 m	bevorzugt 5 x 4 mm²

Unterputz-Geräte- und Verbindungsdosen

Für alle einfacheren Elektroinstallationen in Wohnräumen sind nur zwei Grundtypen von Unterputz-Dosen erforderlich:

a) Gerätedosen (Schalterdosen), die sowohl für alle Lichtschalter und Dimmer als auch für alle Steckdosen vorgesehen sind (Abb. 82 und 90). Bis auf einige Ausnahmen verfügt jede Gerätedose über zwei Snap-Tunnelstutzen ungleicher Durchmesser, die als „Einklick-Verbindungen" von aneinander gereihten Dosen fungieren. Wenn zwei bis vier solcher Dosen jeweils bis zum Anschlag nach Abb. 84 zusammengesteckt werden, passen auf sie alle handelsüblichen Lichtschalter- und Steckdosenrahmen.

b) Verbindungsdosen (Abzweigdosen), die meist oben, unterhalb der Decke, angebracht werden und von denen die Zuleitungen zu den Lichtschaltern, Steckdosen und Leuchten führen (Abb. 85/86)

Wenn Sie irgendwo eine weitere Steckdose oder einen weiteren Lichtschalter benötigen, fängt die Installation mit dem Unterbringen einer weiteren Unterputz-Gerätedose in der Wand an. Natürlich muss vorerst auch noch das Einstemmen der benötigten Zuleitung erfolgen – es sei denn, die neue Unterputz-Dose wird direkt neben einer bestehenden Gerätedose installiert. Sie benötigt zwar auch einen Anschluss, aber dieser wird nur von der Nachbardose abgezapft.

Gerätedosen haben (bis auf seltene Ausnahmen) einen einheitlichen **Durchmesser** von ca. **Ø 65 mm** und eine „**Standardtiefe**" von ca. 42 mm. Sie eignen sich für alle gängigen Steckdosen und Lichtschalter. Wie Abb. 84 zeigt, können mehrere solche Schalterdosen zusammengesteckt werden. Der „Norm-Kombinationsabstand" von 71 mm wird dabei automatisch durch das „Tunnelstutzen-Stecksystem" der Gerätedosen für das Aneinanderreihen von mehreren Steckern und Schaltern vorgegeben (die zwei Dosen-Tunnelstutzen sind unterschiedlich groß, um das Zusammenstecken von den Gerätedosen zu ermöglichen).

Wenn in derartig zusammengesteckte Gerätedosen die vorgesehenen Schalter und Steckdosen hineingeschraubt und etwas ausgerichtet werden, passen sie perfekt in einen gemeinsamen Abdeckrahmen (der ist für Kombinationen von bis zu etwa fünf Schaltern und Steckdosen erhältlich).

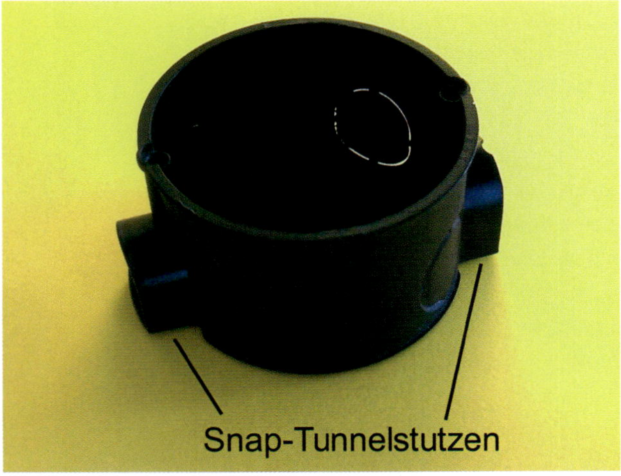

Abb. 82: Die meisten Unterputz-Gerätedosen (für Lichtschalter und Steckdosen) sind mit zwei „Snap-Tunnelstutzen" (Ein-/Ausgängen) versehen.

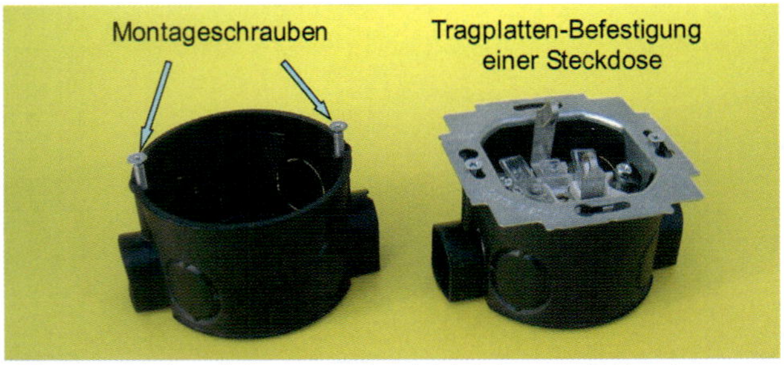

Abb. 83: Gerätedosen haben am Rand zwei tiefe Bohrungen für Tragplatten-Schrauben, mit denen Lichtschalter oder Steckdosen befestigt werden können.

Abb. 84: Bei Bedarf können mehrere Gerätedosen zu einer beliebig langen Kette zusammengesteckt werden; die äußeren Snap-Tunnelstutzen können als Anschlüsse für die Leitungen beliebiger Art genutzt oder abgeschnitten werden (einen gemeinsamen Rahmen gibt es üblicherweise für maximal 4 Schalter- oder Steckdoseneinsätze).

Unterputz-Geräte- und Verbindungsdosen

Doppel-Gerätedosen nach Abb. 88, die ebenfalls ca. 42 mm tief sind und über Snap-Tunnelstutzen verfügen, können anstelle von zwei zusammengesteckten „Einzeldosen“ verwendet, bzw. mit diesen kombiniert werden. Sie bieten etwas mehr Zwischenraum für eine evtl. zusätzliche Klemme einer Abzweigung.

Bei den „gängigen“ 42 mm tiefen Unterputz-Gerätedosen bietet der Innenraum manchmal noch etwas Platz für eine oder zwei zusätzliche Lüsterklemmen, wenn die Steckdose herstellerseitig etwas flacher ausgelegt ist. Die elektrischen Leiter (Drähte) – die in der Dose ebenfalls Platz in Anspruch nehmen – dürfen nicht zu lang sein und erfordern manchmal eine sorgfältige Anordnung (um in der Dose genügend Platz für den Schalter oder Stecker zu verschaffen).

Wenn in eine Unterputz-Gerätedose mehrere zusätzliche Klemmen oder Leiter untergebracht werden sollen, als in die normale 42 mm tiefe Dose passen, kann an ihrer Stelle einfach eine um ca. 21 mm tiefere „Geräte-Verbindungsdose“ nach Abb. 90 angebracht werden.

Abb. 85: Gerätedosen werden in der Wand so tief installiert, dass sie nach dem Verputzen nicht über den Putz herausragen, aber bevorzugt auch nicht viel tiefer als ca. 2 bis 3 mm sind, wenn eine Tragplatten-Befestigung der Schalter- oder Steckdoseneinsätze vorgesehen ist.

Abb. 86: Abzweigdosen (Verbindungsdosen) haben einen Durchmesser von Ø 70 bis 80 mm, eine Tiefe von 35 mm oder 55 mm, und werden mit dem rechts abgebildeten „Federdeckel“ verschlossen.

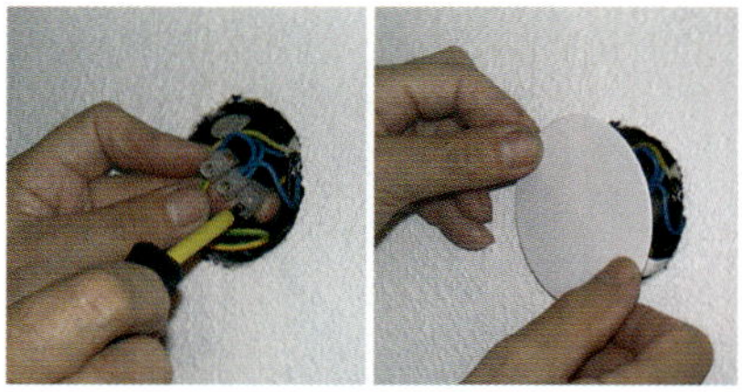

Abb. 87: Abzweigdosen (Verbindungsdosen) werden meist oben unterhalb der Raumdecke installiert und dort eingesetzt, wo eine Abzweigung mit Verbindungsklemmen erforderlich ist; die Ränder der meisten dieser Dosen verfügen über keine Bohrung für Befestigungsschrauben, da ihre Deckel nur federnd eingesteckt werden.

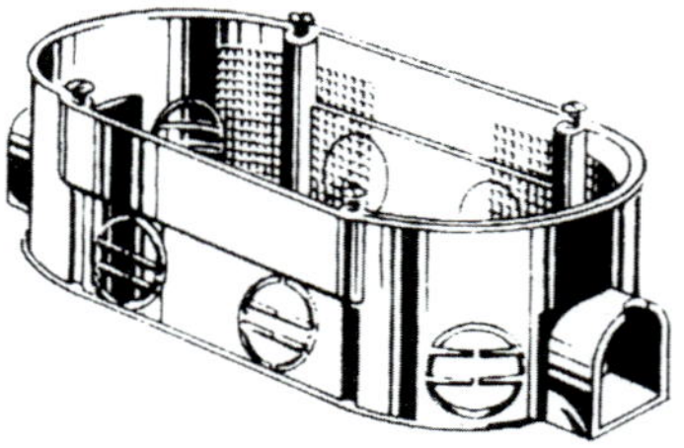

Abb. 88: Eine Doppel-Gerätedose kann anstelle von zwei zusammengesteckten Gerätedosen verwendet werden.

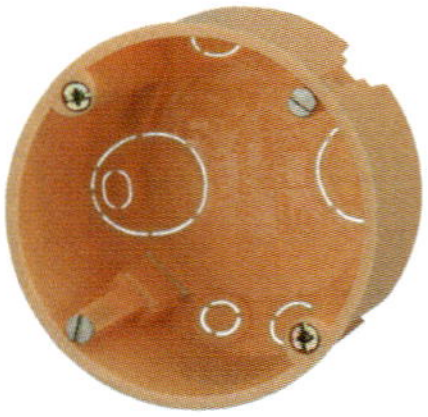

Abb. 89: Unterputz-Dose ohne Tunnelstutzen

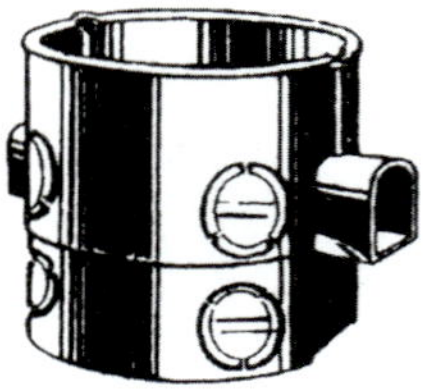

Abb. 90: Sogenannte „Geräte-Verbindungsdosen“ sind für Installationen vorgesehen, bei denen direkt hinter oder neben der Steckdose (bzw. dem Lichtschalter) zusätzlich noch Verbindungsklemmen und Leiter untergebracht werden können.

Zu beachten:

Nicht alle Gerätedosen verfügen über Tunnelstutzen. Sie sind alternativ auch nur als runde Dosen ohne Stutzen erhältlich (Abb. 89). Diese Ausführung kann (aber muss nicht!) z.B. bei Flachkabel-Zuleitungen verwendet werden. Dadurch erspart man sich das zusätzliche Einmeißeln der eckigen Dosenstutzen in die Mauer. Alternativ lassen sich die Stutzen einer Gerätedose aber leicht abzwicken, mit einer Laubsäge absägen oder mit einem scharfen Messer abschneiden, wenn sie nicht für eine Rohrzuleitung oder eine Verbindung zur nächsten Unterputz-Dose benötigt werden. Alle Unterputz-Dosen verfügen über mehrere Ausbrechöffnungen (für Zuleitungen), die in erwünschter Form einfach mit dem Daumen herausgedrückt oder mit einer scharfen Messerspitze herausgeschnitten werden.

So bringen Sie zusätzliche Gerätedosen unter

Erforderliches Werkzeug

a) Schlagbohrmaschine

b) Steinbohrer Ø 5 und 6 mm

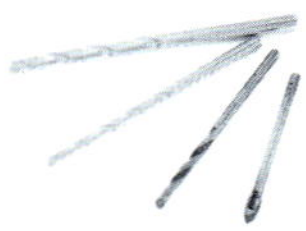

c) Flachmeißel (klein und groß)

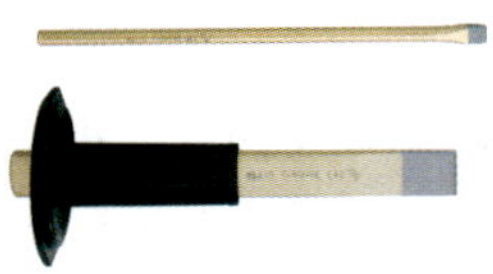

d) Kleinere Spachtel

Benötigtes Material:

a) Unterputz-Gerätedose(n)
b) Gips oder so genannte „Füllspachtel"

Benötigte Arbeitszeit:

ca. 45 Minuten pro Unterputz-Dose in einer Ziegelmauer

Das eigentliche Unterbringen einer Gerätedose (Schalterdose) in der Wand ist am einfachsten, wenn das erforderliche Loch mit einer Handbohrmaschinen-Schlagbohrkrone herausgefräst wird. Schlagbohrkronen sind zwar manchmal kostengünstig (als Schnäppchen) erhältlich, aber wenn Sie nicht öfter solche Arbeiten vor haben, können Sie das Loch für die Gerätedose auch einfach nur nach Abb. 91 mit einem normalen Steinbohrer (Durchmesser ca. Ø 5 bis 6 mm) vorbohren und herausstemmen.

Theoretisch heißt es: Ein Loch ist ein „Nichts" mit „Etwas" umgeben. Ein solches „Nichts" in einer Mauer zu erstellen, ist bei Ziegelmauern nicht schwierig, kann aber zu einer Geduldsprobe bei Betonmauern werden. Da dürfte sich die Anschaffung (oder das Ausleihen) einer Schlagbohrkrone lohnen. Die technologische Reihenfolge der weiteren Arbeiten kann in folgenden Schritten stattfinden:

Schritt 1

Dose abzeichnen

Legen Sie auf die Wand die leere Gerätedose an die vorgesehene Stelle an und verwenden sie ihren Boden als Zeichenschablone für das geplante Loch.

Schritt 2

Fräsen oder Bohren?

Fräsen Sie das Loch für die Unterputz-Dose mit einer Schlagbohrkrone oder bohren Sie nach Abb. 91 mit einem Steinbohrer

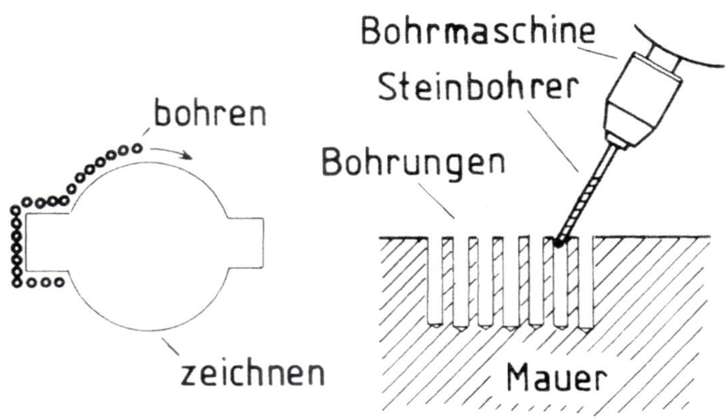

Abb. 91: Ein maßgerechtes Vorbohren des Gerätedosenlochs in der Mauer ersetzt eine Schlagbohrkrone und erspart viel Stemmarbeit.

So bringen Sie zusätzliche Gerätedosen unter

(+ Schlagbohrmaschine) etwa 45 mm tiefe Löcher um den eingezeichneten Ring in die Mauer. Je dichter die Bohrungen aneinander sind, desto leichter lässt sich das vorgebohrte Mauerwerk herausmeißeln. Wenn die vorgesehene Leitung nicht als Rohrleitung, sondern mit einem Kabel verlegt wird, können Sie die Tunnelstutzen der Gerätedose vorher z.B. mit einer Laubsäge abschneiden.

Schritt 3

Mauerreste entfernen

Stemmen Sie nun mit einem größeren Flachmeißel die „unerwünschten" Reste der Ziegelmauer heraus.

Schritt 4

Passt es endlich?

Probieren Sie zwischendurch, ob die Unterputz-Dose schon in das Loch passt. Sie darf bei einer unverputzten Wand bis zu etwa 6 mm weit aus der Wand hervorstehen. Bei einer verputzten Wand darf sie auf keinen Fall überstehen, denn dann würden auch der nachher montierte Lichtschalter bzw. die Steckdose überstehen.

Schritt 5

Die Feinarbeit

Kleinere Ziegelreste lassen sich am bequemsten mit einem schmalen Meißel entfernen. Alles fertig? Dann kann es weitergehen.

Schritt 6

Sprühflasche ...

Befreien Sie das ausgehackte Loch von Ziegelresten und Ziegelstaub (mit einem Staubsauger geht es am schnellsten). Jetzt ist das „Eingipsen" der Unterputz-Dose an der Reihe. Rühren Sie zu diesem Zweck entweder einen preiswerten „reinen" Gips oder einen „Füllspachtel" mit etwas Wasser zu einer dickeren Masse an. Sprühen Sie anschließend das ausgehackte Loch mit einer Haushalts-Sprühflasche (mit Wasser) nass. Aber Vorsicht: Wenn Sie zu kräftig sprühen, wird das rote „Ziegelwasser" die Wand unter dem Dosenloch verfärben. Falls dies unerwünscht ist, dürfen Sie das Loch nur sanft anfeuchten bzw. ein Wasser saugendes Tuch unterhalb des Loches gegen die Wand andrükken, um zu verhindern, dass die Wand durch herabfließendes Wasser rot verfärbt wird.

Schritt 7

Gips auftragen

Tragen Sie den angemachten Gips oder die Füllspachtelmasse an die „Innenwände" des Dosenloches (mit Gefühl für Proportionen und mit einer kleineren Spachtel) auf.

Schritt 8

Gerätedose eindrücken

Jetzt wird die Gerätedose hineingedrückt und dabei begradigt. In unserem Beispiel darf sie um ca. 5 mm überstehen, da es sich um eine noch unverputzte Rohbauwand handelt. Falls Ihnen das „Kunstwerk" nicht beim ersten Anlauf gelingt, kein Problem. Sie ziehen die Schalterdose aus der Wand wieder heraus solange der alte Gips noch weich ist, kratzen den alten Gips mit einer Spachtel etwas weg und versuchen das Ganze nochmals und besser.

Schritt 9

Dose eingipsen

Mit einer kleinen Spachtel lässt sich die Gerätedose rundum eingipsen bzw. mit einer Füllspachtel „einmauern". Wenn Sie dabei den Leiteranschluss der Dose zu sehr verschmiert haben, muss er gesäubert werden bevor der Gips oder die Füllspachtel hart wird.

Installationszonen für Unterputz-Leitungen

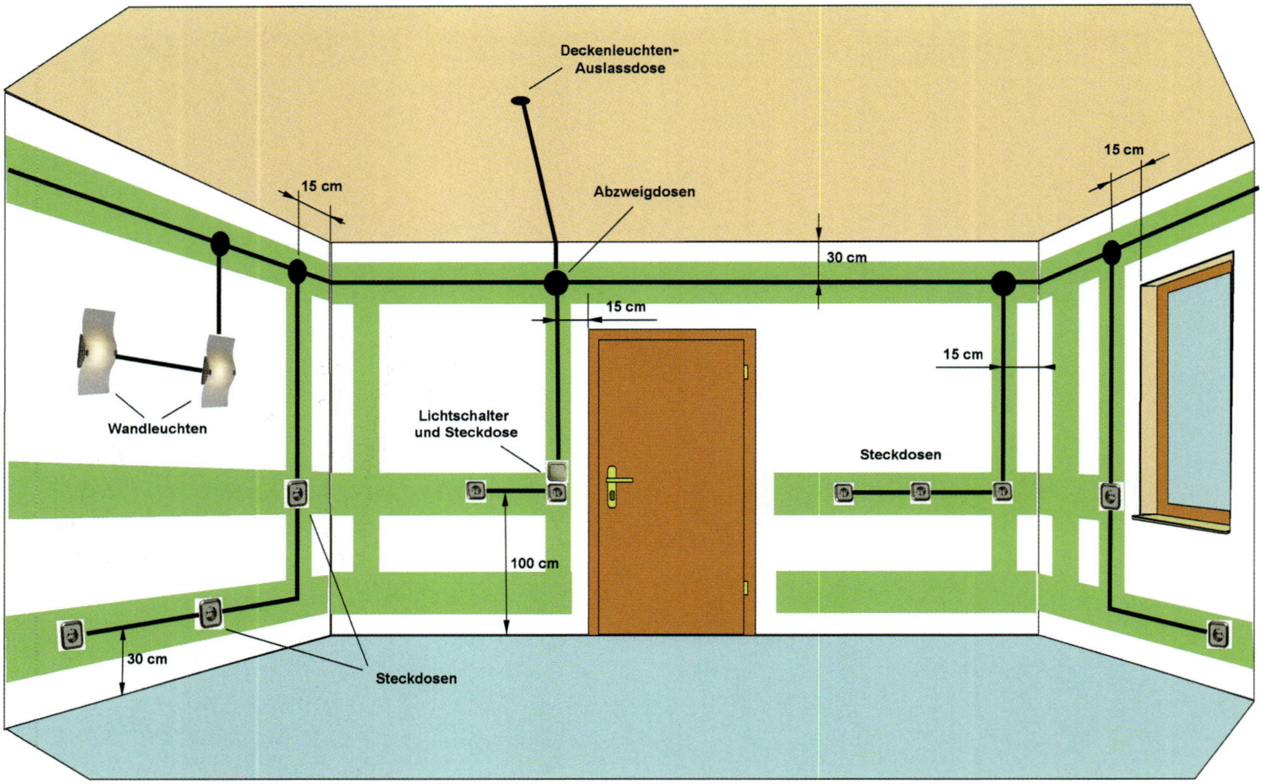

Abb. 92: Vorschriftsgemäße Grundrichtmaße der Unterputz-Elektroleitungen

Unterputz-Leitungen sind nicht sichtbar und daher kann es leicht vorkommen, dass in einem Wohnraum die Nägel und Dübel, die in die Wand eingeschlagen bzw. eingebohrt werden, die Elektroleitung treffen bzw. dass es zu Kollisionen mit anderen Leitungen (darunter Wasserleitungen) kommen könnte. Aus diesem Grund hat man sich bei den Vorschriften für Elektroinstallateure Installationsrichtmaße nach Abb. 92/93 einfallen lassen, die solche Risiken etwas verringern.

Diese Vorschriften haben zwar den Schönheitsfehler, dass die meisten „normalen Menschen" von ihrer Existenz keine Ahnung haben und daher ihre Nägel oder Dübel in die Wände sowieso einfach dort hineinschlagen oder hineinbohren, wo es ihnen gerade einfällt. Es sei denn, sie schaffen sich einen preiswerten Leitungssucher an (und dann erübrigen sich solche Vorschriften sowieso).

Dennoch würde es bei der Suche nach einem Defekt auch einem erfahrenen Elektriker das Anliegen sehr erschweren, wenn er mit einer Elektroinstallation konfrontiert wird, bei der die Leitungen unter dem Putz „kreuz und quer" quasi nach der Art von Picasso-Zeichnungen angelegt wurden. Abgesehen davon ist es auch aus Gründen der Baustatik sehr vernünftig, wenn die Elektroleitungen in den Wänden nicht wie Spinnweben verlaufen. Es hat also seine Berechtigung, wenn man sich beim Anlegen der Leitungen an einheitliche Spielregeln hält.

Installationszonen für Unterputz-Leitungen

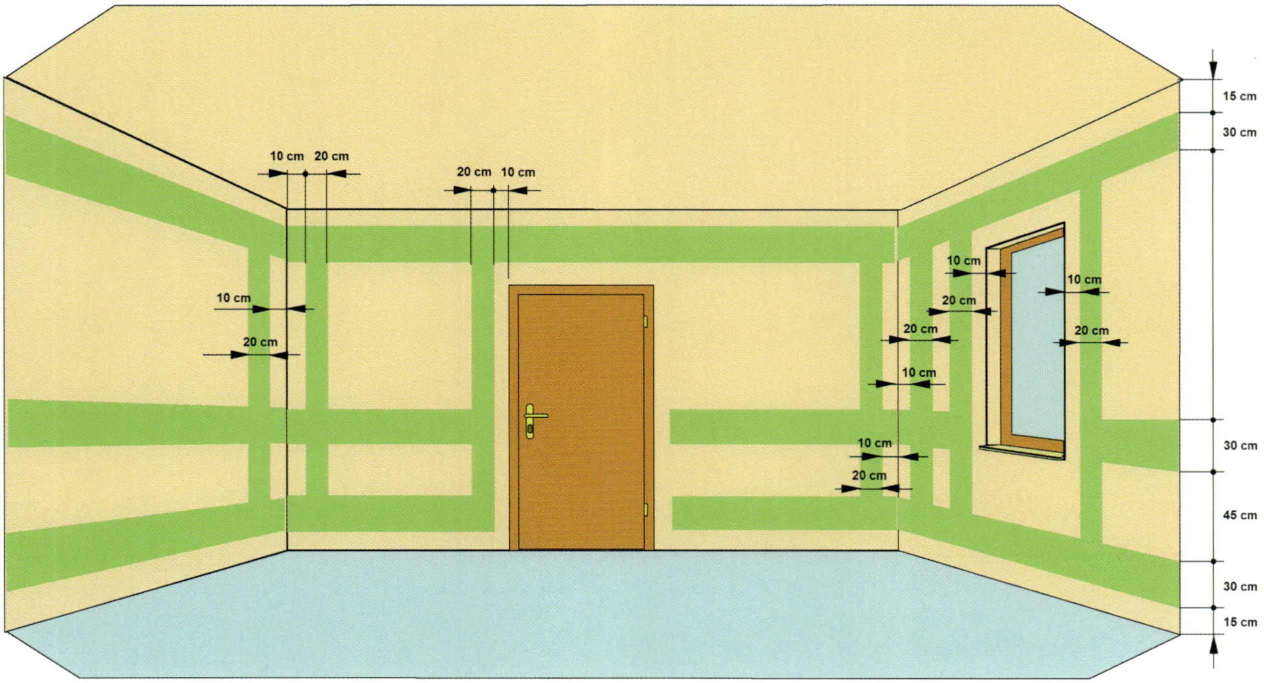

Abb. 93: Grün markierte Installationszonen, in denen laut Vorschrift Elektroleitungen verlegt werden dürfen

1. Die angelegten Leitungen und ihr Zubehör (wie Lichtschalter und Stecker) dürfen in sogenannten Installationszonen nach Abb. 93/94 (grüne Flächen) installiert werden, die bei horizontalen Leitungen **30 cm breit** sind und um **± 15 cm** von den in Abb. 92 aufgeführten Richtmaßen abweichen dürfen. Bei vertikalen Leitungen ist die Installationszone **20 cm breit** und hält von den Türen und Fenstern einen Abstand von **10 cm** – was in Hinsicht auf die Baustatik vernünftig ist.
2. Bei Dachausbauräumen ordnet sich die Installationszone der Dachschräge nach Abb. 94 unter (die Leitung sollte auch hier nur in der grün markierten Wandfläche verlegt werden).
3. In Decken oder Fußböden sollen die Leitungen auf dem kürzesten Weg verlegt werden, müssen jedoch nicht unbedingt im rechten Winkel zu der Wand stehen.
4. Wandleuchten oder Netzanschlüsse für diverse spezielle Geräte und Vorrichtungen dürfen außerhalb der in Abb. 93/94 aufgeführten Installationszonen installiert werden, allerdings mit horizontal oder vertikal verlegten Zuleitungen. Darunter fallen auch Anschlüsse bzw. Steckdosen für Küchen- oder Arbeitsraumgeräte.

Installationszonen für Unterputz-Leitungen

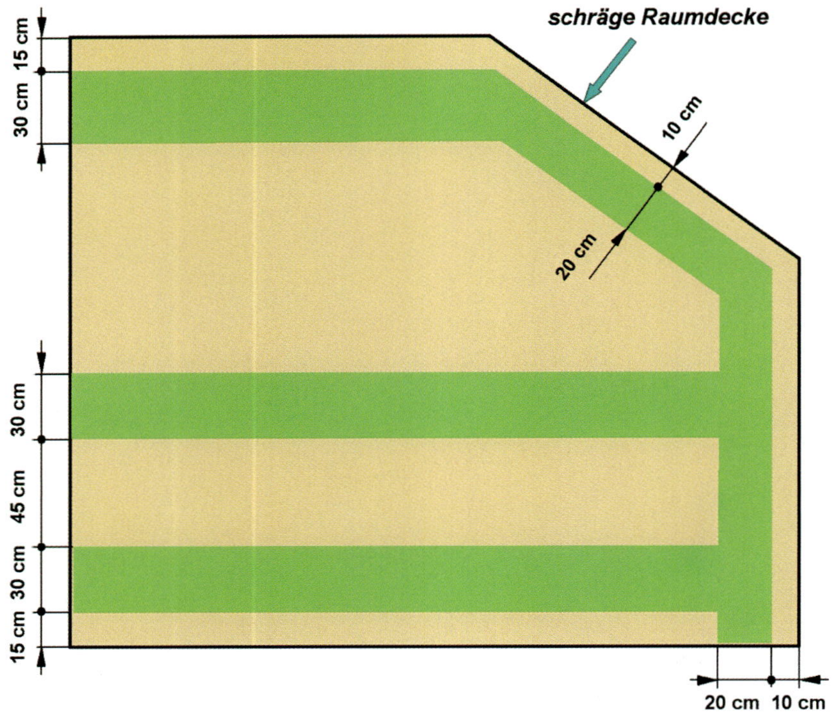

Abb. 94: Grün markierte Installationszonen unterhalb von Dachschrägen

Wichtig:

Im Badezimmer müssen laut Vorschrift Schalter, Steckdosen, Leuchten und andere Elektrogeräte **mindestens 60 cm weit von der Wanne und Dusche entfernt sein**. Ausnahmen sind nur bei spritzwassergeschützten elektrischen Warmwasseraufbereitern mit Schutzart „IP X5" erlaubt. Alle Anschlüsse, **die weniger als 3 Meter** von der Wanne oder Dusche entfernt sind, müssen über einen FI-Schutzschalter mit Nennfehlerstrom 30 mA (= 0,0 3A) angeschlossen werden. (siehe hierzu auch Seite 92).

Fazit:

Die Stromzuleitung für die Beleuchtung und die Steckdosen im Bad wird im Verteilerschrank entweder mit einem gemeinsamen **FI-Schutzschalte**r oder **wahlweise mit zwei separaten FI-Schutzschaltern** abgesichert. Zudem ist darauf zu achten, dass in der **60-cm-Reichweite von der Badewanne oder von der Dusche keine Steckdosen und keine elektrische Schalter installiert werden**.

Das elektrische Hausnetz

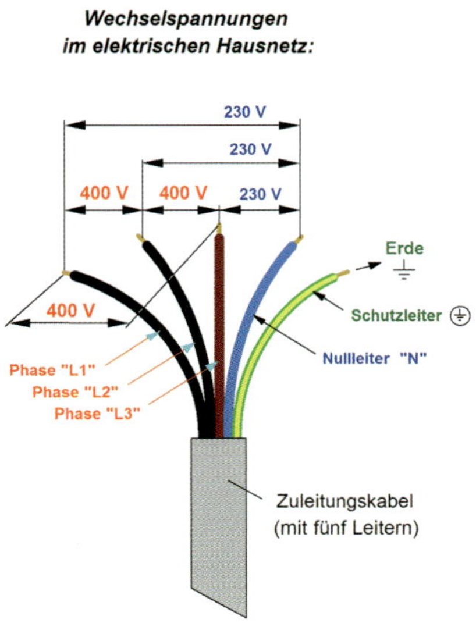

Abb. 95: Ein Haus-Netzanschluss wird in der Regel als (Dreiphasen)-Drehstromanschluss ausgelegt.

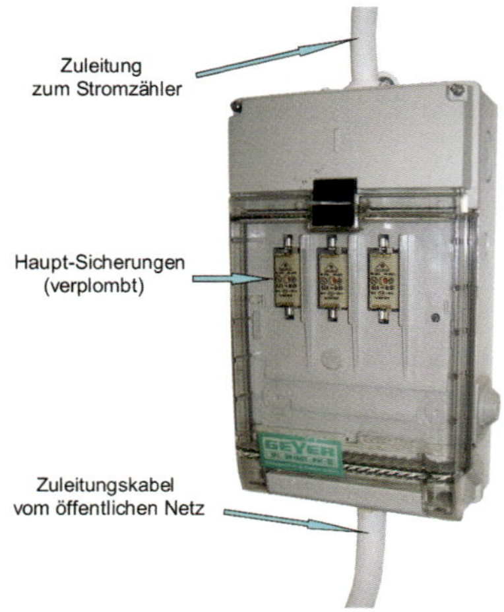

Abb. 96: Hausanschlusskasten mit Sicherungen

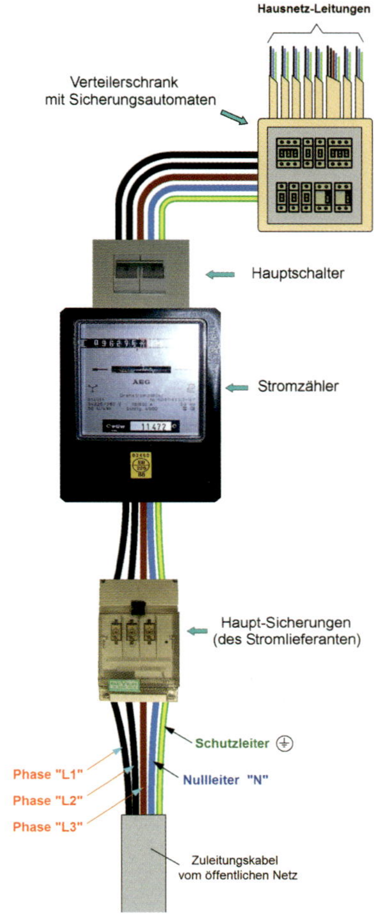

Abb. 97: Hausanschluss mit Stromzähler und Hauptschalter in graphischer Darstellung

Auf die Frage „Welche Netzspannung haben Sie denn zu Hause?" werden die meisten von uns ohne langes Überlegen antworten: „**230 Volt**".

Das stimmt jedoch nur bedingt, denn der Netzanschluss der meisten Haushalte und Häuser ist in unserem Lande als „Dreiphasen-Drehstromanschluss" nach Abb. 95 ausgeführt. Für die gängigen Steckdosen und Leuchtkörper stehen zwar dem Verbraucher die „üblichen" 230 V- zur Verfügung, aber größere Elektrogeräte oder Maschinen werden an alle drei Phasen (3 x 400 Volt~) angeschlossen.

Die meisten Küchen-Elektroherde sind für Dreiphasenanschlüsse konzipiert (obwohl sie alternativ auch nur an eine 230-V-Wechselspannung angeschlossen werden können). Auch größere Elektro-Warmwasserspeicher und diverse Maschinen – darunter Hobby-Schweißgeräte oder größere Kreissägen – sind für den Drehstrom ausgelegt.

Der Verbraucher hat bei manchen Geräten die Möglichkeit zwischen dem normalen „Lichtstrom (230 V)" und dem „Drehstrom (3 x 400 V)" zu wählen, wenn diese herstellerseitig für beide Anschlussarten ausgelegt sind.

Bestandteile der Netzspannungszuleitung sind die Hauptsicherungen und der Stromzähler (beides bleibt Eigentum des Stromlieferanten und ist von ihm verplombt). Die Hauptsicherungen des Stromlieferanten befinden sich in einem separaten Hausanschlusskasten (nach Abb. 96), der üblicherweise an der Kellermauer dort angebracht ist, wo das Erdkabel von außen ins Haus eingeführt wurde.

Bei diesen Sicherungen handelt es sich um Schmelzsicherungen, die bei Bedarf nur von einem Angestellten des zuständigen Energieversorgungsunternehmens ersetzt werden dürfen. Diese Sicherungen sind für einen wesentlich höheren Strom (Kurzschlussstrom) dimensioniert, als der Hauptsicherungsautomat im Verteilerschrank. Sie dürften daher im Prinzip nur dann durchbrennen, wenn es zu einem Kurzschluss „auf der Strecke" zwischen ihnen und der Zuleitung zum Verteilerschrank kommt, denn sie sind für einen höheren Strom dimensioniert als die Sicherungsautomaten im Verteilerschrank.

Haus-Erder und Potential-Ausgleichsschienen

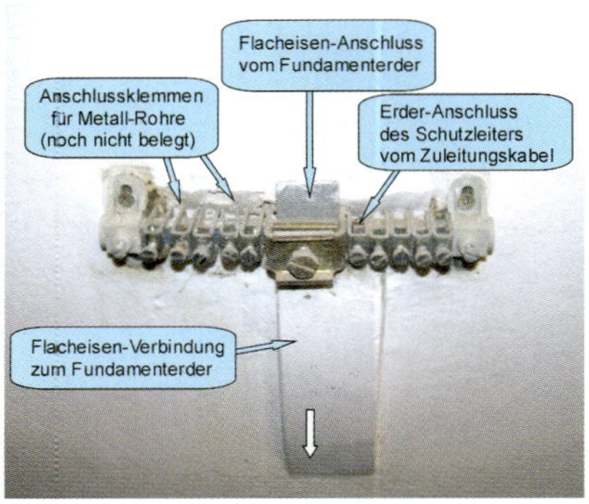

Abb. 98: Offene Potential-Ausgleichsschiene (noch ohne sekundäre Anschlüsse)

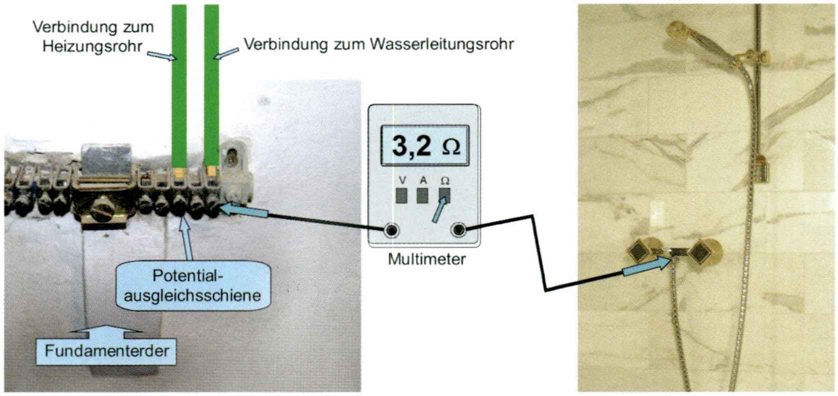

Abb. 100: Kontrollmessung der Duscharmatur-Erdung

Abb. 99: Abgedeckte Potential-Ausgleichsschiene

Bemerkung:

Den Slogan „Sehen ist Glauben" dürfen Sie in diesem Zusammenhang nicht zu ernst nehmen, denn was die meisten handelsüblichen Ohmmeter (darunter auch diverse hochgepriesene und teure Ohmmeter) anzeigen, kann manchmal ziemlich „unverschämt" hohe Messfehler aufweisen. Sie können aber nach Abb. 129 ein beliebiges Elektrokabel oder einen Kupferleiter (dessen Länge Sie kennen bzw. ermitteln) als eine „Messreferenz" verwenden: der Ohmsche Widerstand eines 1,5-mm²-Kupferleiters beträgt theoretisch 0,117 Ohm pro Meter und bei einem 2,5-mm²-Kupferleiter sind es 0,07 Ohm pro Meter. Der tatsächliche Ohmsche Widerstand solcher Leiter oder Kabel weicht von den theoretischen Werten nur geringfügig ab. Somit können Sie auf diese Weise überprüfen, wie es mit der tatsächlichen Messgenauigkeit Ihres Ohmmeters steht.

Einen wichtigen Bestandteil aller neueren Netzanschlüsse bildet der so genannte **Anlagen-Erder**, der in der Form eines Fundament-Erders als langes verzinktes Flacheisen (Bandstahl) in dem ganzen äußeren Fundament einbetoniert und mit einer „**Hauptpotential-Ausgleichsschiene**" verbunden ist. Diese kleine „Ausgleichsschiene" (Abb. 98 bis 100) befindet sich üblicherweise im Kellerraum in der Nähe des Hausanschlusses. An die Klemmen dieser Schiene werden alle elektrisch leitenden Rohre (Wasser-, Gasleitungs- und Heizungsrohre), sowie auch Antennenanlagen und Vorrichtungen, die einen Erder benötigen, angeschlossen.

Im Zusammenhang mit Reparaturen und Änderungen am Hausnetz kann aber die Ausgleichsschiene außer Acht gelassen werden. Wenn Sie jedoch rein Kontrolle halber mit einem Ohmmeter (Multimeter) nachmessen möchten, ob alle Ihre Wasserhähne, Heizkörper und evtl. Gasleitungen ordentlich geerdet sind, kein Problem: Der Ohmsche Widerstand zwischen der Ausgleichsschiene und dem im Hause am weitesten entfernten Wasserhahn oder Heizkörper sollte unterhalb von **3 Ohm** (3 Ω) liegen.

Um eine solche Messung durchführen zu können, brauchen Sie einen ausreichend langen Leiter (z.B. ein Kabel oder eine Kabeltrommel) als Messverbindung, die nach Abb.100 zwischen dem Ohmmeter und der Duschbatterie provisorisch zu errichten ist.

Der Ohmsche Widerstand der Messverbindung wird von dem Messergebnis abgezogen.

Der Verteilerschrank (Stromkreisverteiler)

An der „Kundenseite" des Stromzählers befinden sich bei älteren Anschlüssen einige „Porzellansicherungen", bei moderneren Anschlüssen mehrere Sicherungsautomaten („Leitungsschutzschalter"), die für die Absicherung einzelner „Sektionen" des elektrischen Hausnetzes zuständig sind.

Abgesichert werden bei jeder Stromzuleitung mittels „herkömmlicher" Sicherungsautomaten immer nur die Phasen nach der vereinfachten Darstellung in Abb. 101.

Die Sicherungsautomaten – sowie auch noch „**FI-Schutzschalter**" und evtl. andere spezielle Bausteine – werden bei moderneren Installationen üblicherweise in einem separaten Verteilerschrank (Stromkreisverteiler) untergebracht, der sich meist an einer anderen (leichter zugängigen) Stelle befindet, als der eigentliche Stromzähler.

Die Aufgabe eines Verteilerschrankes besteht darin, dass aus ihm mehrere separate Stromzuleitungen (Stromkreise) zu einzelnen Räumen oder zu einzelnen größeren Verbrauchern (Elektroherd, Waschmaschine, Tiefkühltruhe usw.) führen.

Die Anzahl, die Anordnung und die Art der separaten Sicherungsautomaten hängen im Prinzip nur von dem Ermessen des Errichters bzw. des Anwenders ab. Eine zu große Anzahl von Sicherungsautomaten und Stromkreisen verteuert unnötig die ganze Installation. Eine zu kleine Anzahl von separat abgesicherten Stromkreisen hat wiederum den Nachteil, dass ein Defekt an einem Gerät zufolge haben kann, dass ein anderes „wichtiges" und intaktes Gerät mit dem defekten Gerät abgeschaltet wird, wenn es an demselben Sicherungsautomaten angeschlossen ist usw.

Sehr praktisch ist, wenn die Stromkreise der Beleuchtung so eingeteilt sind, dass alle Räume, die mit einer Tür verbunden sind jeweils derartig abwechselnd mit Sicherungsautomaten geschützt sind, dass im Falle eines Defektes am Licht in einem Raum, das Licht in dem Raum daneben intakt bleibt. Bei Steckdosen sollten bei der Verteilung der Stromkreise die vorgesehenen Anwendungen, sowie auch die Logistik der Tätigkeiten und der Lebensweise der Bewohner in Betracht gezogen werden.

Der Stromlieferant legt Wert darauf, dass alle drei Phasen seiner Zuleitung möglichst ausgewogen belastet werden. Dies lässt sich in der Praxis dadurch erzielen, dass der Elektroinstallateur die einzelnen Stromkreise (Sektionen) in einem Haus unter den drei Phasen entsprechend ausgewogen verteilt – wie ein vereinfachtes Beispiel in Abb. 130 zeigt.

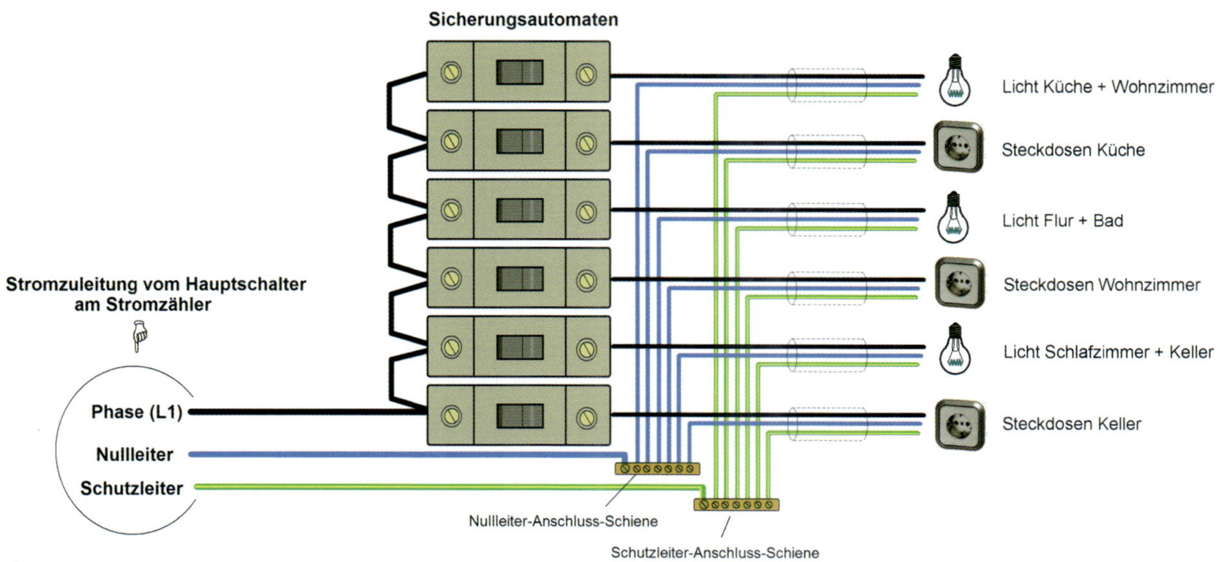

Abb. 101: Vereinfachte Darstellung eines Hausnetzes mit Sicherungsautomaten an einer Phase

Der Verteilerschrank (Stromkreisverteiler)

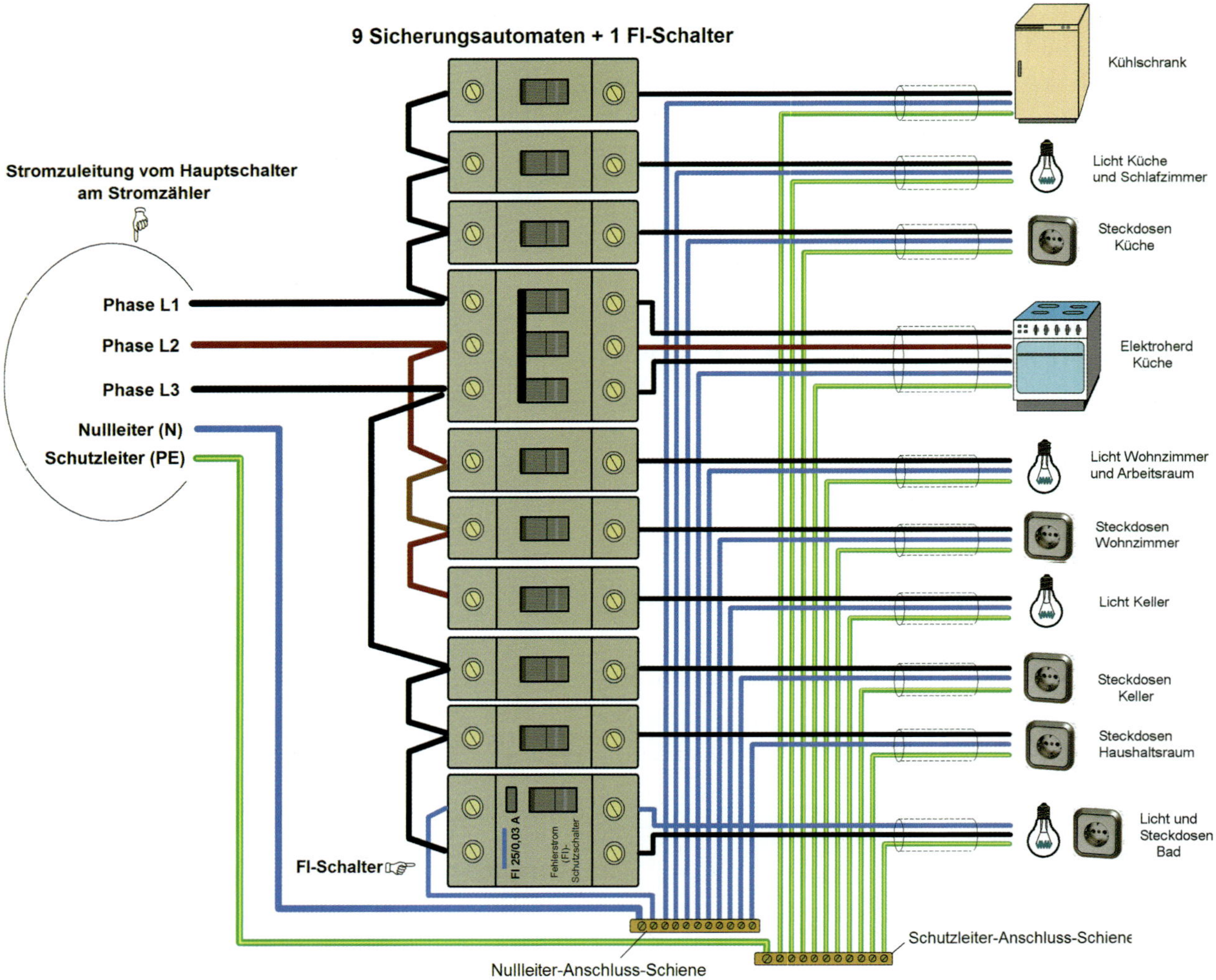

Abb. 102: Vereinfachte Darstellung eines Hausnetzes mit Sicherungsautomaten an allen drei Phasen des Hausanschlusses

Gut zu wissen:

Diese Phaseneinteilung hat zur Folge, dass z.B. in einem Wohnhaus (mit Dreiphasen-Anschluss) zwischen der Phase einer Steckdose im Keller und der im Wohnzimmer (manchmal auch zwischen zwei Leitern in einer Abzweigdose) ein Spannungsunterschied von 400 Volt sein kann.

Der Verteilerschrank (Stromkreisverteiler)

Jeder Verteilerschrank mit Sicherungen oder Schutzschaltern verfügt über einen Hauptschalter, der bei moderneren Installationen oft als „**FI-Schalter**" ausgelegt ist (darauf kommen wir im Kap. „Was ist ein FI-Schalter?" noch zurück).

Der **Schutzleiter** wird - neben den drei Phasen und dem Nullleiter - von dem Stromlieferanten ebenfalls ins Haus geführt, muss jedoch noch zusätzlich an einen hauseigenen Erder angeschlossen werden. Bei neueren Gebäuden werden diese Erder als so genannte **Fundament-Erder** direkt in die Betonfundamente des Hauses eingegossen und nur ihre Anschlüsse führen „nach oben" zu einer Erder-Anschlussschiene mit Schraubklemmen, deren Funktion bereits erläutert wurde.

Da zwei von den drei unterschiedlichen Phasen des Drehstroms (von den Leitern **L1**, **L2**, **L3**) schwarz sind und die dritte braun ist, bleibt hier die Frage einer Reihenfolge immer offen.

Insofern man an diese drei Phasen einen „Dreiphasen-Elektroherd" oder einen „Dreiphasen-Warmwasser-Speicher" anschließen will, gibt es keine Probleme. Nur bei einem Drehstrommotor hängt seine Drehrichtung von der Reihenfolge der Phasen ab, die nach Abb. 103 gegeneinander um 120° verschoben sind. Daraus ergeben sich aber kaum Schwierigkeiten, denn entweder läuft so ein Motor „auf Anhieb" richtig, oder man wechselt zwei beliebige Phasen der Zuleitung untereinander um, und das Problem ist erledigt. Ein Drehstrom-Elektromotor wechselt die Drehrichtung, wenn zwei seiner drei Zuleitungsphasen nach Abb. 104 umgewechselt werden.

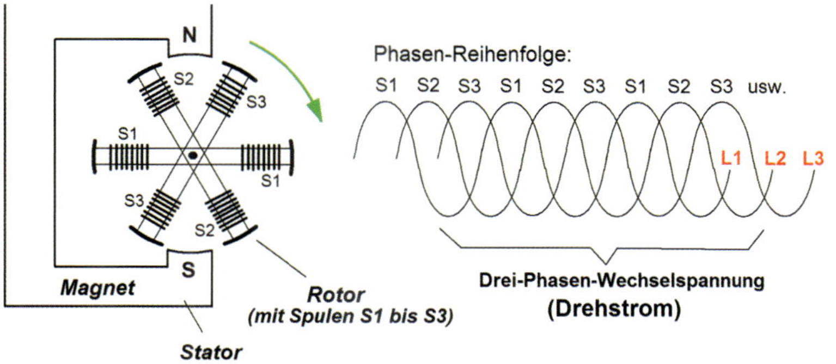

Abb. 103: Grafische Darstellung der Erzeugung eines Drehstroms: die drei Phasen sind gegeneinander jeweils um 120° verschoben.

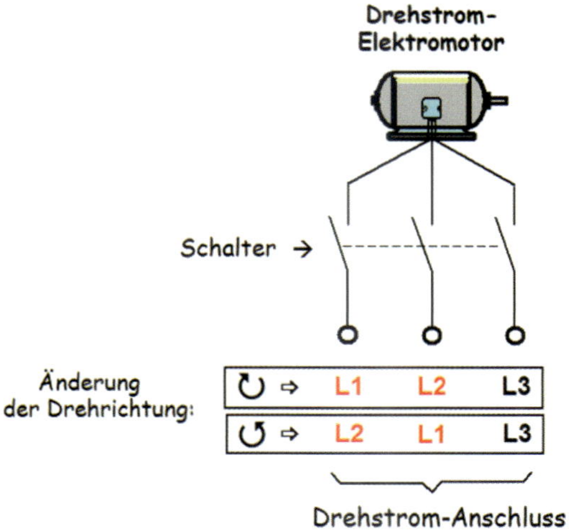

Abb. 104: Die Änderung der Drehrichtung wird bei einem Drehstrom-Elektromotor (Drei-Phasen-Motor) durch Umwechseln von zwei seiner Zuleitungsphasen erzielt.

Wichtig:

Wenn Sie als Heimwerker an Ihrer Elektroinstallation Veränderungen vornehmen, bei denen Sie auch die Abdeckungen des Verteilerschrankes oder der Abzweigdosen öffnen, denken Sie bitte daran, dass das Hausnetz aus drei Phasen besteht, zwischen denen eine Wechselspannung von 400 Volt~ vorhanden ist. Jede dieser Phasen weist zwar gegenüber dem Nullleiter (und im Prinzip auch gegen die „Erde") nur eine 230-Volt-Wechselspannung aus, aber zwischen zwei unterschiedlichen Phasen beträgt die Wechselspannung jeweils 400 Volt.

Wissenswertes über Spannung und Leistung

Schon gewusst?

Die elektrische Wechselspannung – darunter auch die Netzspannung – wird mit dem Symbol „~", manchmal auch mit den Buchstaben „**AC**", die Gleichspannung (Batteriespannung) mit dem Symbol „= " oder mit den Buchstaben „**DC**" bezeichnet. Steht auf dem Typenschild eines Gerätes „**230 V~**" ist es für den Netzbetrieb vorgesehen (steht da z.B. „12 V=" oder „12 V DC", ist es für den 12-Volt-Batteriebetrieb ausgelegt). Bei den meisten Netzgeräten steht hinter der Spannungsangabe auch noch die Netzfrequenz von **50 Hz (Hertz)**. Das sind fünfzig sinusförmige Schwingungen (~) pro Sekunde.

Wie bereits am Buchanfang mit Hilfe der Abb. 3 auf Seite 17 erläutert wurde, besteht jede Schwingung der Wechselspannung jeweils aus einer positiven und einer negativen Halbwelle. Alle diese Halbwellen – egal ob positiv oder negativ – sind eigentlich nichts anderes als elektrische Impulse, mit denen eine Glühbirne oder ein anderer elektrischer Verbraucher sozusagen „gefüttert" wird. Bei einer Netzfrequenz von 50 Hertz (50 Hz) erhält somit der angeschlossene Verbraucher insgesamt 100 Impulse (50 positive und 50 negative Impulse) pro Sekunde.

Die Netzfrequenz (von 50 Hz) ist für den Anwender ein Hinweis darauf, dass es sich um ein Gerät für unsere „50-Hertz-Wechselspannung" handelt. In den USA hat zum Beispiel die Wechselspannung 60 Hz und ist somit für die meisten unserer Netzverbraucher nicht „kompatibel" (ausgenommen Glühbirnen, Heizkissen oder Heizgeräte in denen kein elektrischer Ventilator integriert ist).

Wir haben bereits am Kapitelanfang die strömende elektrische Spannung mit strömendem Wasser verglichen. Die Leistung eines strömenden Wassers hängt von dem Wasserstrom und dem Wasserdruck ab. Dasselbe gilt für die elektrische **Spannung** (in **Volt**), den elektrischen **Strom** (in **Ampere**) und die elektrische **Leistung** (in **Watt**).

Bereits beim Kauf einer Glühbirne spielen zwei dieser „Parameter" eine wichtige Rolle: Die erforderliche **Betriebsspannung** (in **Volt**) und die **Leistung** (in **Watt**). Soweit es s ch für eine Glühbirne für die normale Netzspannung handelt, die sowohl in unserem Lande, als auch praktisch in der ganzen EU **230 Volt** beträgt, bleibt nur noch die Frage der Glühbirnen-Leistung in Watt (**W**) offen.

Die Formel ist hier einfach:

Spannung in Volt (V) x Strom in Ampere (A) = Leistung in Watt (W)

Für die Praxis eines Elektroinstallateurs ist diese Formel eigentlich nur dann von Bedeutung, wenn er sich beispielsweise ausrechnen möchte, wie viele Verbraucher an einem 16-A-Sicherungsautomaten hängen dürfen. Das lässt sich schnell und leicht ausrechnen: 230 Volt x 16 Ampere = 3680 Watt (= 3,68 Kilowatt).

Ein solcher Sicherungsautomat würde demnach z.B. für einen Wäschetrockner ausreichen, dessen Stromabnahme laut Hersteller (Typenschild an der Trocknerrückseite) stolze 3,1 Kilowatt (**kW**) beträgt. Käme dazu beispielsweise noch eine 2,1-kW-Waschmaschine, würde es dieser Sicherungsautomat nicht verkraften, denn der gesamte Leistungsbedarf beträgt dann 5,2 kW (5200 W). Genau genommen würde es der Automat nicht verkraften, wenn beide Maschinen gleichzeitig betrieben werden - was aber oft der Fall ist.

Welcher Sicherungsautomat ist dann diesem Vorhaben gewachsen? Um das ausrechnen zu können, stellen wir die vorher aufgeführte Formel etwas um:

Leistung in Watt (W) : Spannung in Volt (V) = Strom in Ampere (A) – Das wären 5200 Watt : 230 Volt = 22,6 Ampere

Wenn die beiden Maschinen ihren Strom über einen gemeinsamen Sicherungsautomaten beziehen sollen, müsste dieser Sicherungsautomat theoretisch zumindest die 22,6 Ampere verkraften können. Praktisch haben wir in diesem Fall die Wahl zwischen einem handelsüblichen 25-A oder 32-A-Sicherungsautomaten. Wir geben dem 32-A-Sicherungsautomaten Vorrang, denn ein 25-A-Sicherungsautomat würde sich bei voller Stromabnahme (von 22,6 A) unnötig zu sehr erwärmen.

Einteilung der Leitungen im Hausnetz

Der Netzanschluss der meisten unserer Haushalte und Häuser ist – wie schon erklärt wurde – als „Dreiphasen-Drehstromanschluss" ausgeführt. Alles, was sich bei so einem Netzanschluss vor dem Stromzähler befindet, wird von dem Stromlieferanten verplombt und braucht uns im Zusammenhang mit der hausinternen Elektroinstallation nicht zu interessieren. Nur was ausgangsseitig an dem Stromzähler angeschlossen ist, haben wir als „Kunden" zu bestimmen.

Wir wissen, dass die „Stromzentrale" des Hausnetzes der Verteilerschrank mit Sicherungsautomaten darstellt, der an dem Stromzähler angeschlossen ist. Jeder „modernere" Verteilerschrank beinhaltet mehrere Sicherungsautomaten, die bei Überlastung (bzw. bei Kurzschluss, der auch nur eine Überlastung darstellt) den an sie angeschlossenen Stromkreis blitzschnell abschalten. Bei einigen alten Anschlüssen findet man anstelle der Sicherungsautomaten noch die unhandlichen Porzellansicherungen, die bekannter weise immer dann durchbrennen, wenn gerade keine Ersatzsicherungen mehr im Hause sind.

Ein einfaches Beispiel der „Verdrahtung" in einem Haus- oder Wohnungs-Verteilerkasten zeigt Abb. 105.

Jeder Verteilerkasten verfügt über einen oder auch über mehrere Hauptschalter, die bei moderneren Hausnetzen als FI-Schutzschalter (nach Abb. 105) ausgelegt sind (Näheres über FI-Schutzschalter folgt gleich im anschließenden Kapitel).

Wie aus Abb. 105 hervorgeht, besteht die Stromzuleitung vom Stromzähler aus einem fünfadrigen Kabel. Vier seiner Adern – die drei Phasen und der Nullleiter – sind an den Eingang des FI-Hauptschalters angeschlossen. Die fünfte Ader – der Schutzleiter – ist direkt mit den Klemmen der Schutzleiter-Anschlussschiene verbunden.

Bemerkung: Wenn im Verteilerkasten als Hauptschalter nur ein normaler „Sicherungsautomat" (kein FI-Schutzschalter) installiert ist, verfügt er allein über drei Anschlussklemmen, und ist nur für das Schalten der drei Phasen (L1, L2, L3 aus Abb. 95) zuständig. Der Nullleiter ist in diesem Fall direkt an die Nullleiter-Klemmen angeschlossen.

Wir haben in Abb. 105 in den Verteilerkasten - der leichteren Übersicht wegen - nur zwei Sicherungsautomaten eingezeichnet: einen Einphasen- und einen Dreiphasen-Sicherungsautomaten. In der Praxis befinden sich in dem Verteilerkasten mehrere Sicherungsautomaten, die jedoch alle auf dieselbe Art „verdrahtet" sind, wie die hier eingezeichneten Sicherungsautomaten. Die Einphasen-Sicherungsautomaten sind dann eingangsseitig unter den drei Phasen der Stromzuleitung (am Ausgang des Hauptschalters) „ausgewogen" verteilt.

Sehen Sie sich bitte die einzelnen Verbindungen zwischen dem FI-Hauptschalter, dem Sicherungsautomaten und den eigentlichen Leitungen zum „Hausnetz" in Abb. 105 an. Sie sind alle leicht nachvollziehbar: Jeder Einphasen-Anschluss (für Licht und Steckdosen) besteht aus den uns inzwischen bekannten drei Leitern - der Phase, dem Nullleiter und dem Schutzleiter. Der Einphasen-Sicherungsautomat – oder alternativ der FI-Schalter – schützt immer nur die Phase. Der Nullleiter und der Schutzleiter werden jeweils an eine der oben eingezeichneten gemeinsamen Anschlussschienen angeschlossen.

Dreiphasenanschlüsse (für den Elektroherd, manchmal auch für einen größeren Warmwasserspeicher, für einen Drehstrom-Elektromotor oder für das Elektro-Schweißgerät in der Hobbywerkstatt) benötigen ebenfalls immer den Schutzleiter, oft auch den Nullleiter – wie z.B. der Elektroherd in Abb. 105/107.

Neben den hier eingezeichneten Sicherungsautomaten (auch Leitungsschutzschalter genannt), befinden sich in manchem Verteilerkasten auch noch einige andere Bausteine (Klingeltransformator, Stromstoßschalter u. Ä.). An der eigentlichen Verschaltungsphilosophie ändert sich dadurch nichts.

Wichtig:

Die in Abb. 105 eingezeichnete Stromzuleitung ist noch mittels eines Zähler-Ausgangsschalters abschaltbar, der sich in dem Zählerschrank (meist überhalb des Zählers) befindet.

Hinweis:

In den meisten Verteilerkästen stehen noch einige freie Reservefelder zur Verfügung, in die evtl. weitere Sicherungsautomaten oder FI-Schutzschalter zusätzlich eingebaut (einfach nur klemmend aufgesteckt) werden können.

Einteilung der Leitungen im Hausnetz

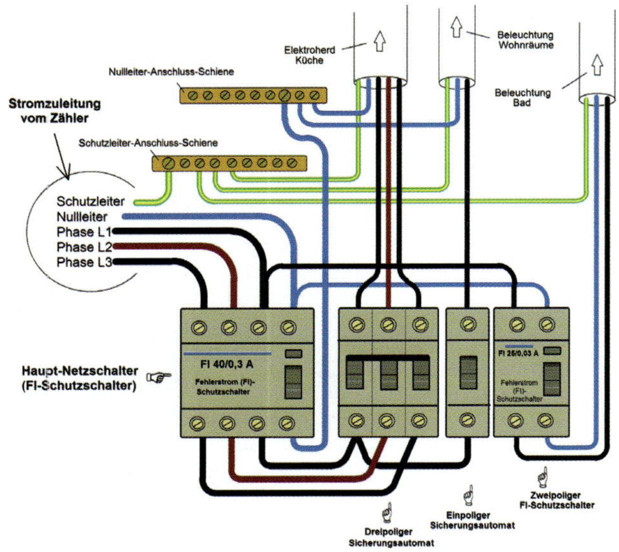

Abb. 105: Verdrahtungsbeispiel eines Verteilerkastens (vereinfachte Darstellung)

Bei einem Neubau (bzw. bei der Renovierung eines alten Hausnetzes) kann der Hausherr selber bestimmen, wie viel separate Zuleitungen er zu den einzelnen Räumen verlegen möchte und unter wie vielen Sicherungsautomaten (im Verteilerschrank) diese Zuleitungen verteilt werden sollen: Drei Sicherungsautomaten, zehn Sicherungsautomaten, hundert Sicherungsautomaten? Das Optimum hängt eher von philosophischen als von technisch bedingten Überlegungen ab.

Auf einen Elektriker übt es einen gewissen Reiz aus, so einen Verteilerschrank technisch eindrucksvoll mit vielen Sicherungsautomaten zu belegen. Praktische Erfahrungen aus den letzten Jahren zeigen jedoch, dass es bei den heutigen, technisch ausgereiften Elektrogeräten in einem Haushalt kaum noch zu einem Kurzschluss kommt.

So mancher Sicherungsautomat erhält jahrelang (wenn nicht lebenslang) keine einzige Chance, um zu zeigen, was er kann. Wenn der Hausherr seinen Verteilerschrank nicht rein spaßeshalber aufwendig gestaltet haben will, darf er sich daher in dieser Hinsicht ziemlich zurückhalten.

Jeder Sicherungsautomat erfordert eine separate Phasenzuleitung zu der von ihm geschützten Sektion. Das erhöht die Kosten und den Aufwand. Andererseits sollte das Hausnetz logistisch so gestaltet werden, dass es der Sicherheit und Bequemlichkeit optimal gerecht wird. Darunter ist Folgendes zu verstehen:

1. Die Stromzuleitung zum Badezimmer sollte über einen separaten Sicherungsautomaten in der Form eines **FI-Schutzschalters** (Fehlerstrom 0,03 A) verlegt werden (siehe hierzu das folgende Kapitel).
2. Die „größeren Stromfresser", die erfahrungsgemäß wartungsintensiv sind (Küchenherd, Waschmaschine, Wäschetrockner), verdienen eigene Sicherungsautomaten.
3. Räume, in denen regelmäßig mit Elektrogeräten gearbeitet wird - wie Küche, Bügelraum, Hobbywerkstatt bzw. Garage - verdienen jeweils zwei separat abgesicherte Stromzuleitungen: eine für die Steckdosen und eine für die Beleuchtung. Bei einem Kurzschluss im Elektrogerät bleibt dann das Licht an.
4. Wenn man die Möglichkeit hat, den Kühlschrank und die Gefriertruhe an eine separate Zuleitung anzuschließen, können am Hausnetz aufwendigere Arbeiten vorgenommen werden, ohne dass die Kontinuität der Kühlung in Mitleidenschaft gezogen wird. Zudem werden diese Geräte nicht von einem Kurzschluss außer Betrieb gesetzt, der in anderen Geräten oder Vorrichtungen während einer längeren Abwesenheit entsteht.

In solche Planungsüberlegungen dürfte auch noch die Frage einbezogen werden, ob das Hausnetz im Verteilerschrank nicht über zwei separate Hauptschalter verfügen sollte: Einen für alle Sektionen, die z.B. vor der Fahrt in den Urlaub aus Sicherheitsgründen abgeschaltet werden und eine für alle Sektionen, an denen Verbraucher „hängen", die nicht abgeschaltet werden dürfen – wie z.B. die Tiefkühltruhe, Geräte der Alarm- und Überwachungsanlage, der Heizkessel, die Nachtbeleuchtung, das elektrische Garagentor, die automatisch funktionierenden elektrischen Fensterrollos usw.

Sicherungsautomaten (Leitungsschutzschalter)

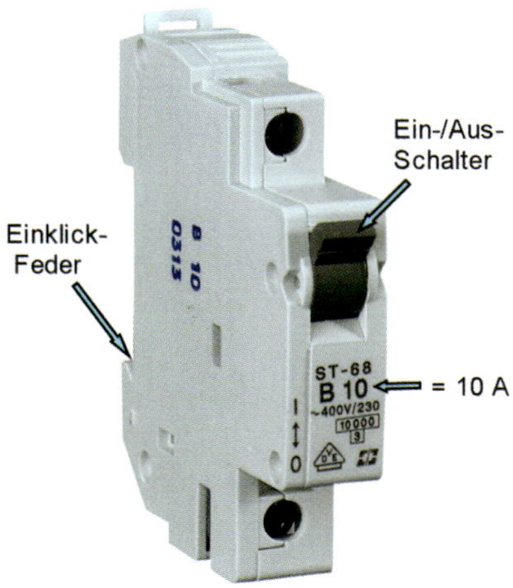

Abb. 106: Sicherungsautomaten sind im Verteilerschrank auf Schienen befestigt, in denen sie nur federnd eingeklickt hängen.

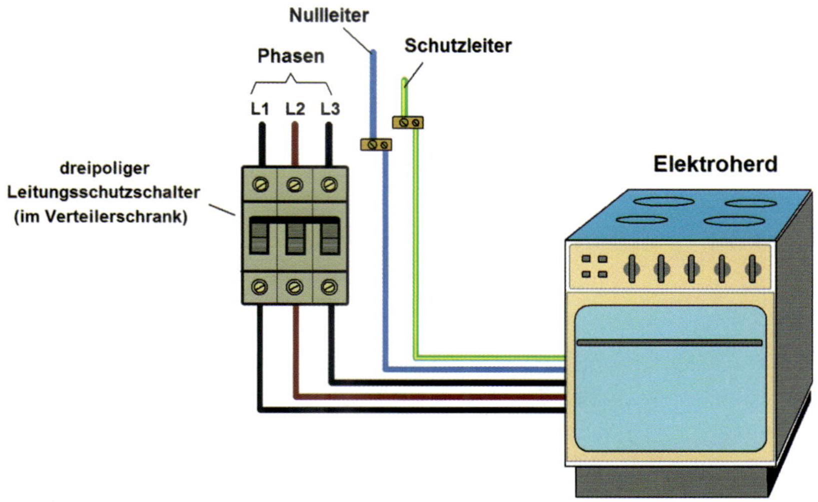

Abb. 107: Größere Elektroherde benötigen einen Drehstromanschluss.

Anstelle von den unpraktischen Porzellansicherungen werden gegenwärtig bei allen Elektroinstallationen im privaten Bereich die uns bekannten Sicherungsautomaten (Leitungsschutzschalter) eingesetzt.

Ähnlich wie die herkömmlichen Porzellansicherungen ist auch jeder Sicherungsautomat für einen maximalen Strom – wahlweise von z.B. 6, 10, 16, 20, 25, 32, 35, 40 Ampere (A) usw. bis ca. 250 A – ausgelegt, dessen Überschreitung (u.a. auch bei einem Kurzschluss) mit sofortigem Abschalten reagiert. Im Gegensatz zu einer Sicherung brennt in so einem Sicherungsautomaten nichts durch – er schaltet nur ab, und bleibt dabei unbeschädigt. Für das Abschalten (Auslösen) sind in den Sicherungsautomaten zwei interne Systeme zuständig, die mit einer gemeinsamen Schaltmechanik verbunden sind: ein thermisches System, das Überströme überwacht und ein elektromagnetisches System, das bei einem Kurzschluss ein schnelles Abschalten bewirkt.

Sicherungsautomaten gibt es nur in zwei Grundausführungen: als Einphasen- (einpolige) und als Dreiphasen- (dreipolige) Leitungsschutzschalter, die wir bereits aus Abb. 102 und 105 bis 107 kennen.

Eine zusätzliche Aufmerksamkeit verdient der dreipolige Sicherungsautomat, der für Drehstromanschlüsse vorgesehen ist. Er setzt sich eigentlich aus drei selbstständigen Einphasen-Sicherungsautomaten zusammen, deren Betätigungshebel mechanisch miteinander verbunden sind – wodurch jeweils immer nur alle drei Phasen ein- oder abgeschaltet werden können bzw. abgeschaltet werden, wenn eine der drei Phasen überlastet wird (oder wenn an ihr ein Kurzschluss entsteht).

Wie Abb. 107 zeigt, werden von einem Drehstrom-Sicherungsautomaten die drei Phasenzuleitungen zu einem elektrischen Verbraucher (Elektroherd) geschützt. Der Nullleiter und der Schutzleiter werden in diesem Fall direkt angeschlossen. Einige Drehstromverbraucher (darunter Drehstrom-Elektromotoren) benötigen keinen Nullleiter, aber immer auch den Schutzleiter.

Wichtig:

Sicherungsautomaten sollten grundsätzlich immer etwas großzügiger (= zumindest um ca. 1/4 höher als die vorgesehene Strombelastung) überdimensioniert werden, da sie sich ansonsten zu sehr aufwärmen, wenn die jeweilige Dauerstrom-Abnahme zu nahe an ihrer Abschalt-Schwelle liegt.

Was ist ein „FI-Schutzschalter"?

Ein FI-Schutzschalter (Fehlerstrom-Schutzschalter) ist ein Sicherungsautomat (Leitungsschutzschalter), der – ähnlich wie ein normaler Sicherungsautomat – auch auf Kurzschlüsse oder Überlastungen mit Abschalten reagiert, zudem aber auch dann abschaltet, wenn er nur einen so genannten Fehlerstrom wahrnimmt.

Unter dem Begriff „Fehlerstrom" ist schlicht ein „fehlender Strom" zu verstehen, den der FI-Schutzschalter zwischen dem **„zufließenden" Strom** (**von der Phase** in einen elektrischen Verbraucher) und dem **über den Nullleiter „zurückfließenden" Strom** feststellt. Wenn „irgendwo auf der Strecke" (z.B. in den Badezimmerleitungen) ein relativ winziger Teil des elektrischen Stromes plötzlich verloren geht, merkt es der FI-Schutzschalter sofort und schaltet im gleichen Augenblick den an ihm angeschlossenen Stromkreis ab.

Wie wir wissen, kann der elektrische Strom z.B. dadurch verloren gehen, dass er über den menschlichen Körper in die Erde oder über einem defekten Lampenanschluss in die Wand fließt. Somit schützt z.B. ein 0,03-Ampere-FI-Schalter den Menschen gegen einen lebensgefährlichen Stromschlag, der vor allem im Badezimmer bei Berührung defekter Netzspannungsgeräte eine Bedrohung darstellen könnte. Die 0,03 A stellen einen Grenzwert dar, bei dem der Strom, der über den Körper eines Menschen durchfließt, noch keine lebensgefährliche oder gesundheitsschädigende Folgen haben kann.

Wenn der elektrische Strom z.B. durch den Glühfaden einer Lampe fließt – wie in

Abb. 108: Ein Fehlerstrom-Schutzschalter schaltet die an ihm angeschlossene Leitung blitzschnell ab, sobald er z.B. wahrnimmt, dass ein winziger Teil des elektrischen Stroms über den Körper eines Menschen oder über eine feuchte Stelle im Gerät bzw. in einer Lampe in die Wand fließt.

Abb. 110 bildlich dargestellt ist – erfolgt ein solcher Fluss immer in einer geschlossenen Schleife, die in diesem Fall aus der Phase und aus dem Nullleiter besteht. Die eingezeichneten Pfeile der Stromrichtung stellen hier zwar nur eine Momentaufnahme dar, denn die Richtung ändert sich 50mal pro Sekunde, aber das spielt in diesem Zusammenhang keine Rolle. Der FI-Schalter ist ein schlaues Gerät, das ganz genau kontrolliert, ob der Strom, der aus ihm jeweils an einer seiner Seiten „nach außen" herausfließt, auch wieder ohne „nennenswerte" Verluste (von z.B. max. 0,03 Ampere) durch ihn zurückfließt.

Fehlerstrom-Schutzschalter sind mit einer Prüftaste vergesehen, die sich oberhalb des EIN/AUS-Schalters befindet. Bei Betätigung der Prüftaste wird ein Test-Fehlerstrom im FI-Schalter simuliert und ein intakter (bzw. noch intakter) Schalter muss darauf mit einem umgehenden Ausschalten reagieren. Neben dieser Prüftaste steht oft geschrieben „monatlich drücken" (als ob es nicht schon genügend andere Termine und Aufgaben gäbe, die uns ausreichend unser Dasein komplizieren).

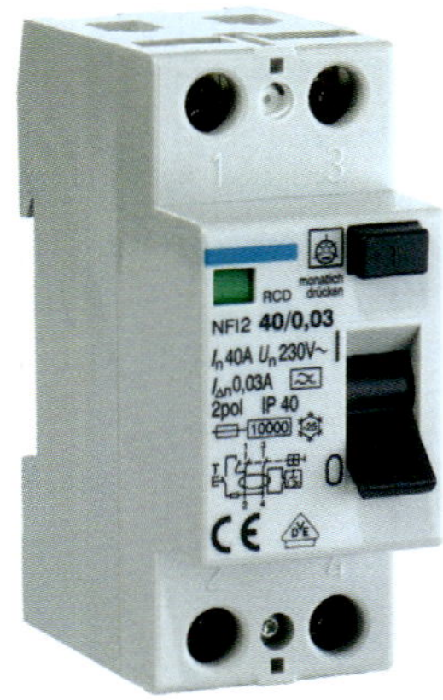

Abb. 109: Handelsübliche Fehlerstrom (FI)-Schutzschalter sind wahlweise als zweipolige Einphasen- oder als vierpolige Dreiphasen-Einbaugeräte erhältlich: Ausführungsbeispiel eines zweipoligen Einphasen-FI-Schutzschalters (Foto: Conrad Electronic).

Was ist ein „FI-Schutzschalter"?

Wenn aber ein Hersteller schon so wenig Vertrauen zu seinen Produkten hat, dass er einen monatlichen „Eignungstest" empfiehlt, sollte man selber auch ab und zu kontrollieren, ob dieses Produkt immer noch ordentlich funktioniert.

Da hat man also wieder eine Aufgabe, die erfahrungsgemäß dem Teil unserer Bevölkerung erspart bleibt, der nicht auf die Idee gekommen ist, sich dieses Buch zu kaufen oder es sogar bis hierher durch zu lesen. Wer käme sonst auf die Idee, an so einem Schalter jeden Monat herumzufummeln?

Nun dürfte eine der Gegenfragen lauten, wozu so ein FI-Schutzschalter überhaupt gut sein kann und wo seine Anwendung berechtigt ist? Der Anwendungsbereich von solchen speziellen „Strom-Wachhunden" bleibt eine reine Ermessensfrage. Alle elektrischen Verbraucher, die wir in unserem Haushalt anwenden, sind entweder über einen Schutzleiter geerdet oder verfügen über ein isolierendes Kunststoffgehäuse. Unter normalen Umständen dürfte es daher zu einem Unfall mit elektrischem Strom gar nicht kommen. Unfälle passieren aber sehr oft unter Umständen, die nicht normal oder nicht kalkulierbar sind:

Da wurde die Steckdose für die Waschmaschine oder die schikke vergoldete Leuchte im Bad ordnungsgemäß auch an den Nullleiter angeschlossen, aber die Klemme des Nullleiters hat sich im Laufe der Zeit in der Abzweigdose gelockert und der Verbraucher ist seitdem nicht mehr geerdet. Das ist einer der Defekte, die nicht automatisch entdeckt werden. Und die schöne Leuchte im Bad ist vielleicht gut geerdet, aber die Zuleitungsphase des Stromanschlusses hat hinter der Leuchte einen direkten (leitenden) Kontakt zu der Wand – und die Wand erteilt elektrische Schläge, die ein FI-Schutzschalter prompt wahrnimmt und den Stromkreis abschaltet. Ansonsten heißt es abwarten, bis jemand einen Schlag bekommt.

Wir haben bereits in Abb. 105 einen vierpoligen FI-Schutzschalter eingezeichnet, der gleichzeitig als Hauptschalter für einige „normale" Sicherungsautomaten fungiert. Diese „doppelt-gemoppelte Lösung" wird oft angewendet und hat den Vorteil, dass der an sich teure Schutzschalter gleich mehrere Stromkreise und angeschlossene Verbraucher überwacht. Für diese „Überwachung" wird jedoch oft ein FI-Schutzschalter verwendet, der für einen „Nenn-Fehler-

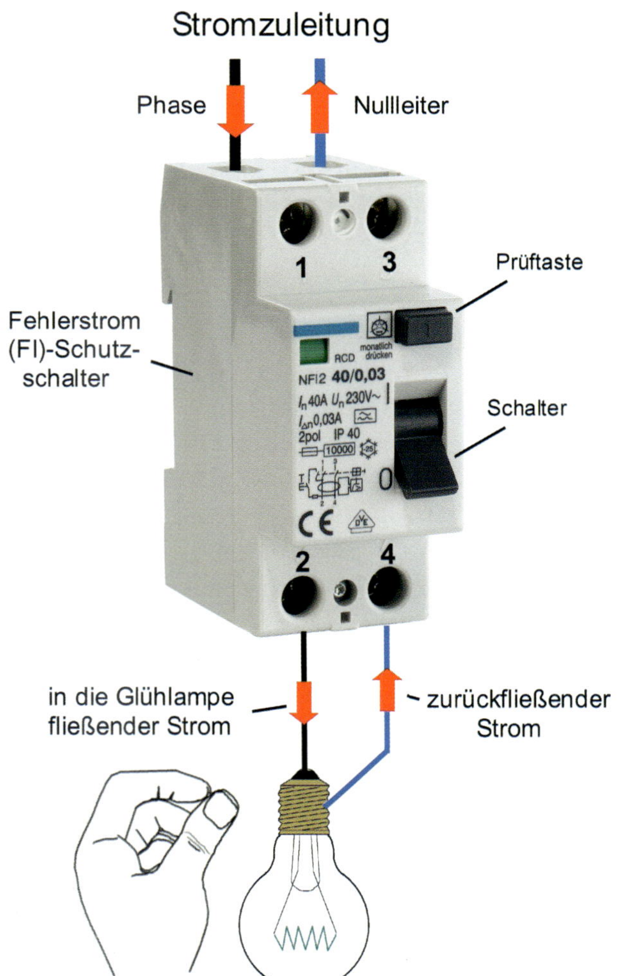

Abb. 110: Ein Fehlerstrom (FI)-Schutzschalter erkennt eine elektrische „Leckage"

Hinweis:

Fehlerstrom-FI-Schutzschalter sind auch in der Form von Zwischensteckern erhältlich, die einfach in eine Steckdose eingesteckt werden können, an die man z.B. einen elektrischen Rasenmäher anschließen möchte. Alternativ gibt es auch spezielle Steckdosen, in denen ein Fehlerstrom-Schutzschalter eingebaut ist.

Was ist ein „FI-Schutzschalter“?

strom“ von 0, 3 Ampere (anstelle von dem vorher angesprochenen Fehlerstrom von 0,03 Ampere) ausgelegt ist. Als ein Schutz gegen einen direkten Stromschlag dient ein solcher Schutzschalter zwar nur dürftig, aber er schaltet präventiv einen Stromkreis ab, an dem z.B. durch einen defekten oder durchnässten Elektromotor eine „Stromleckage“ entstanden ist.

Dreiphasen-FI-Schutzschalter, die für einen Fehlerstrom von nur 0,03A (30 Milliampere) ausgelegt sind, gibt es auch – und sie werden, wie wir noch zeigen – ebenfalls angewendet, wenn ihre Empfindlichkeit bei diversen „kritischeren“ Verbrauchern oder Sektionen nicht zufolge hat, dass sie zu oft „grundlos“ abschalten. So können beispielsweise Elektroleitungen und andere elektrische Komponenten eines völlig intakten Wäschetrockners während des Trocknens vorübergehend derartig feucht werden, dass ein zu empfindlicher (0,03-A-) FI-Schutzschalter den Strom „voreilig“ abschaltet. Für einen solchen Anschluss wird daher bevorzugt ein weniger empfindlicher 0,3-A-FI-Schutzschalter verwendet, der auch in Abb. 111 eingezeichnet ist.

Ein Dreiphasen-FI-Schutzschalter muss jeweils die Summe der Ströme, die gleichzeitig über zwei oder drei seiner Pole „heraus fließen“ mit dem Strom des Pols vergleichen, der für den Nullleiter zuständig ist. Und es darf nichts – oder fast nichts – fehlen! Bei Bedarf kann ein solcher FI-Schutzschalter auch mehrere an ihm angeschlossene Schaltkreise (mit dazugehörenden Sicherungsautomaten) nach Abb. 138 schützen bzw. abschalten. Wie dieser vereinfachten bildlichen Darstellung zu entnehmen ist, kann ein Dreiphasen-FI-Schutzschalter sowohl Dreiphasen- als auch Einphasen-Stromkreise schützen. In dem Beispiel in Abb. 111 sind die Schaltkreise – der schnelleren Übersicht wegen – nur vereinfacht einigen Räumen zugeordnet.

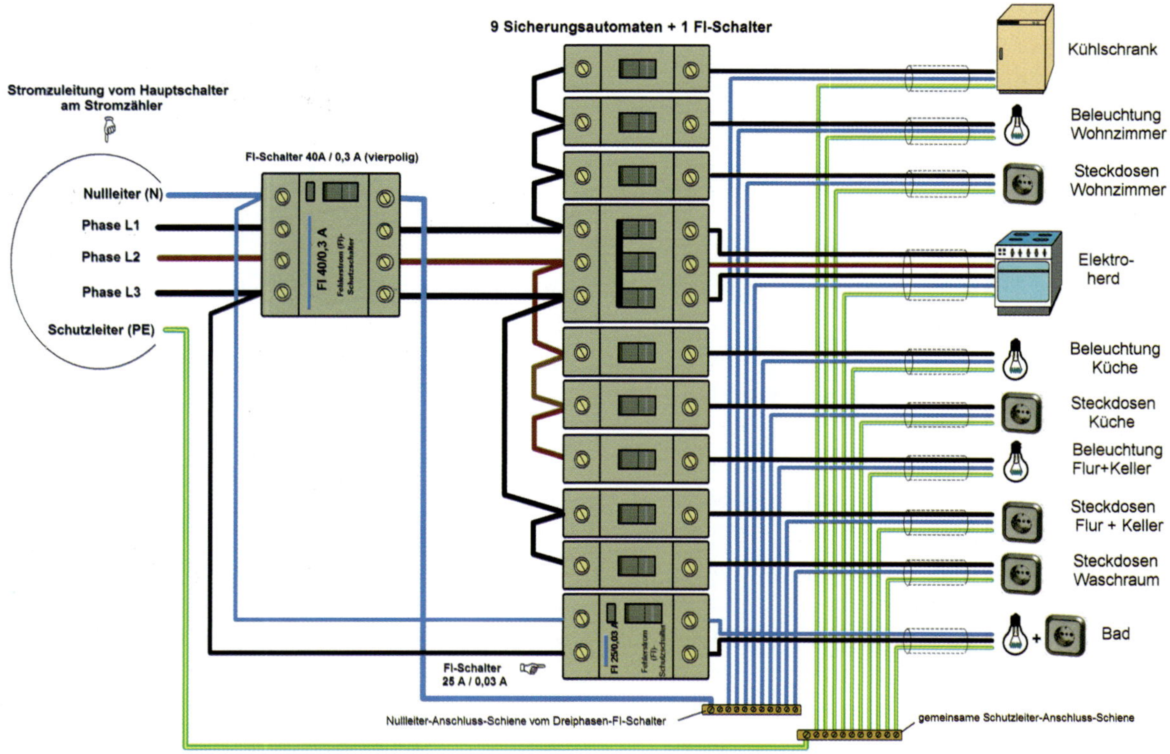

Abb. 111: Ein Dreiphasen-FI-Schutzschalter kann bei Bedarf auch mehrere Schaltkreise schützen.

Die Gestaltung eines Hausnetzes

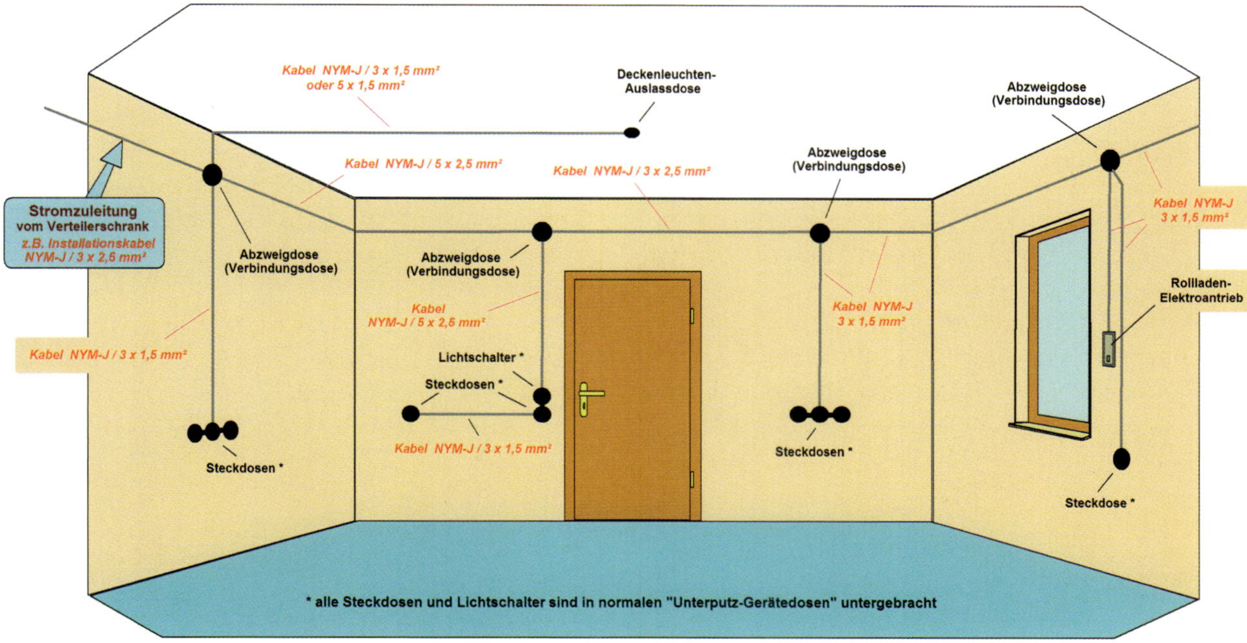

Abb. 112: Auf diese Weise können die Installationen in einzelnen Räumen am einfachsten ausgeführt werden.

Auf den ersten Blick kann so ein Hausnetz einem „Uneingeweihten" sehr verwirrend vorkommen. Dabei ist die Sache eigentlich ganz einfach: Man braucht sich nur den Verteilerschrank (mit den Sicherungsautomaten) als einen Bahnhof vorzustellen, von dem aus sich die einzelnen Leitungen wie Eisenbahnschienen in mehrere Richtungen verzweigen.

Wir wissen inzwischen, dass die meisten dieser Leitungen aus drei Leitern (Phase, Nullleiter und Schutzleiter) bestehen und dass die Phase im Verteilerschrank jeweils an „ihrem" Sicherungsautomaten oder an „ihrem" Fehlerstrom-FI-Schutzschalter angeschlossen ist. Nur für den Küchen-Elektroherd, für einen größeren Elektroboiler oder andere Dreiphasen-Verbraucher (Drehstromverbraucher) ist – wie schon an anderen Stellen erläutert wurde – eine Dreiphasen-Zuleitung mit 5 Leitern erforderlich.

Wie das ganze Hausnetz individuell angelegt wird, hängt nur vom eigenen Ermessen ab. Das Prinzip bleibt einfach: In dem Verteilerschrank (oder in einem kleineren Verteilerkasten) werden so viele Sicherungsautomaten untergebracht, wie viele separate „Sektionen" erwünscht sind. Von jedem dieser Sicherungsautomaten führt eine Zuleitung nach Abb. 112 zu dem Raum, in dem sie sich in beliebig viele Anschlussleitungen für Steckdosen, Lichtschalter und Lampen verzweigt.

Alle Verzweigungen und Kreuzpunkte, bei denen die Leiter unterbrochen und mit Klemmen verbunden werden, müssen grundsätzlich zugängig bleiben. Dies wurde bei den meisten herkömmlichen Elektroinstallationen auf die Weise gemacht, wie wir es auch in diesem Buch an diversen Beispielen gezeigt haben, bzw. auch hier nochmals zeigen: Oben, nahe der Decke, werden für die Klemmverbindungen und Verzweigungen die sogenannten **Abzweigdosen** (Verbindungsdosen) angebracht, oder einige der Verbindungen (oft von Steckdose zu Steckdose) finden direkt an den Steckdosen- oder Lichtschalteranschlüssen statt und brauchen keine zusätzlichen Abzweigdosen.

Die Gestaltung eines Hausnetzes

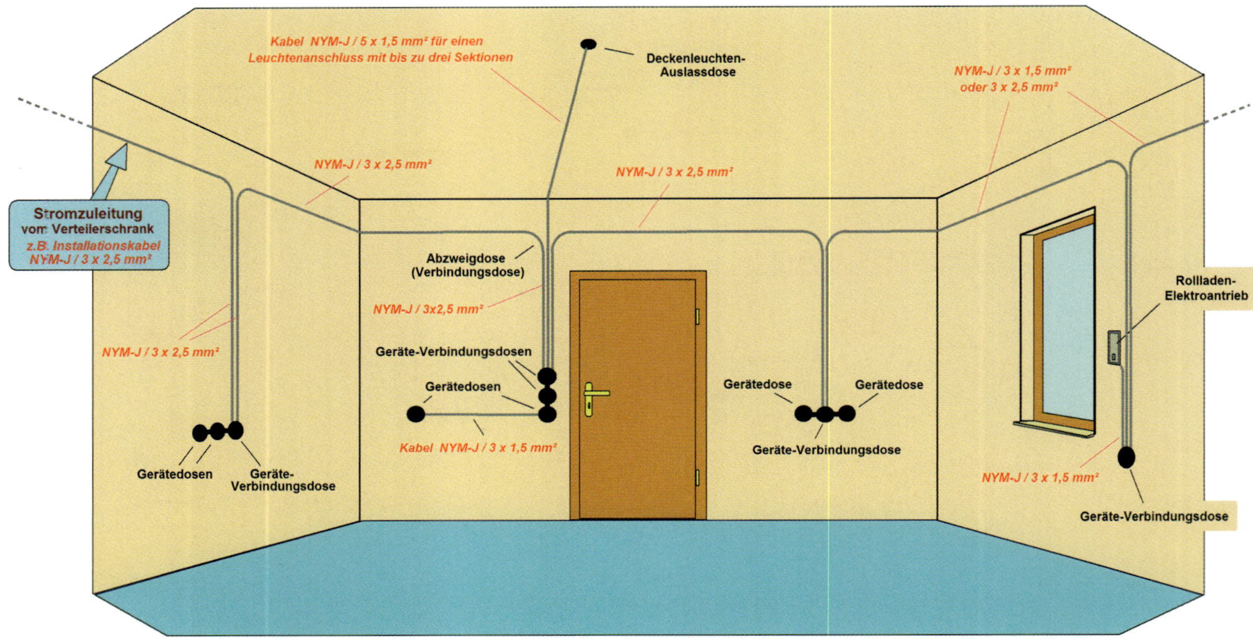

Abb. 113: Beispiel einer Elektroinstallation mit Geräteverbindungsdosen (unter den Lichtschaltern und Steckdosen)

Es gibt aber auch andere Lösungen, die es ermöglichen, dass man – aus rein ästhetischen Gründen – die Abzweigdosen nicht oben an der Wand, sondern jeweils hinter den Schaltern und Steckdosen unterbringt. Für solche Vorhaben bieten jedoch die normalen Unterputz-Gerätedosen (Schalterdosen) zu wenig Platz. Das ist an sich kein Problem: An ihre Stelle werden in dem Fall „extra tiefe" Gerätedosen – die sogenannten **Geräteverbindungsdosen** (Abb. 90 auf S. 76) – in der Mauer untergebracht, die wesentlich tiefer als normale Gerätedosen sind und zusätzlichen Platz für Verbindungsklemmen bieten. Die Installation kann dann nach Abb 113/114 ausgeführt werden.

Wenn es erwünscht ist, dass der Steckdosen-Schaltkreis nicht an denselben Sicherungsautomat wie der Licht-Schaltkreis angeschlossen wird, ändert sich dadurch zwar an dem eigentlichen Prinzip der Installation nichts, aber jede der separat abgesicherten Sektionen benötigt eine eigene Zuleitung.

Abb. 114 zeigt die Installation einer Küche, bei der die Steckdosen an einem anderen Zuleitungskabel (und an einem anderen Sicherungsautomaten) als die Beleuchtung angeschlossen sind. Der Elektroherd, der für einen Dreiphasen-Anschluss (Drehstromanschluss) ausgelegt ist, bezieht seine Stromversorgung ebenfalls über ein separates Kabel. Dieses Beispiel zeigt ein Installationskonzept, bei dem die Verbindungen der Leiter zu einem kleinen Teil an zusätzlichen Klemmen in **Geräteverbindungsdosen** und zu einem größeren Teil nur an den Steckdosen-Klemmen erstellt werden. Da jede der Steckdosen- und Lichtschalter-Klemmen jeweils für zwei Leiter ausgelegt ist, kann da der Strom bei Bedarf weitergeleitet werden. Nur wenn noch ein dritter Anschluss (als Verzweigung) erwünscht ist, sind zusätzliche Verbindungsklemmen erforderlich, für die in einer normalen Verbindungsdose nicht genügend Platz wäre. Hier kommen dann die tieferen Unterputz-Gerätedosen zum Einsatz, wenn man nicht oben in der Wand noch zusätzliche Abzweigdosen anbringen will.

Die Gestaltung eines Hausnetzes

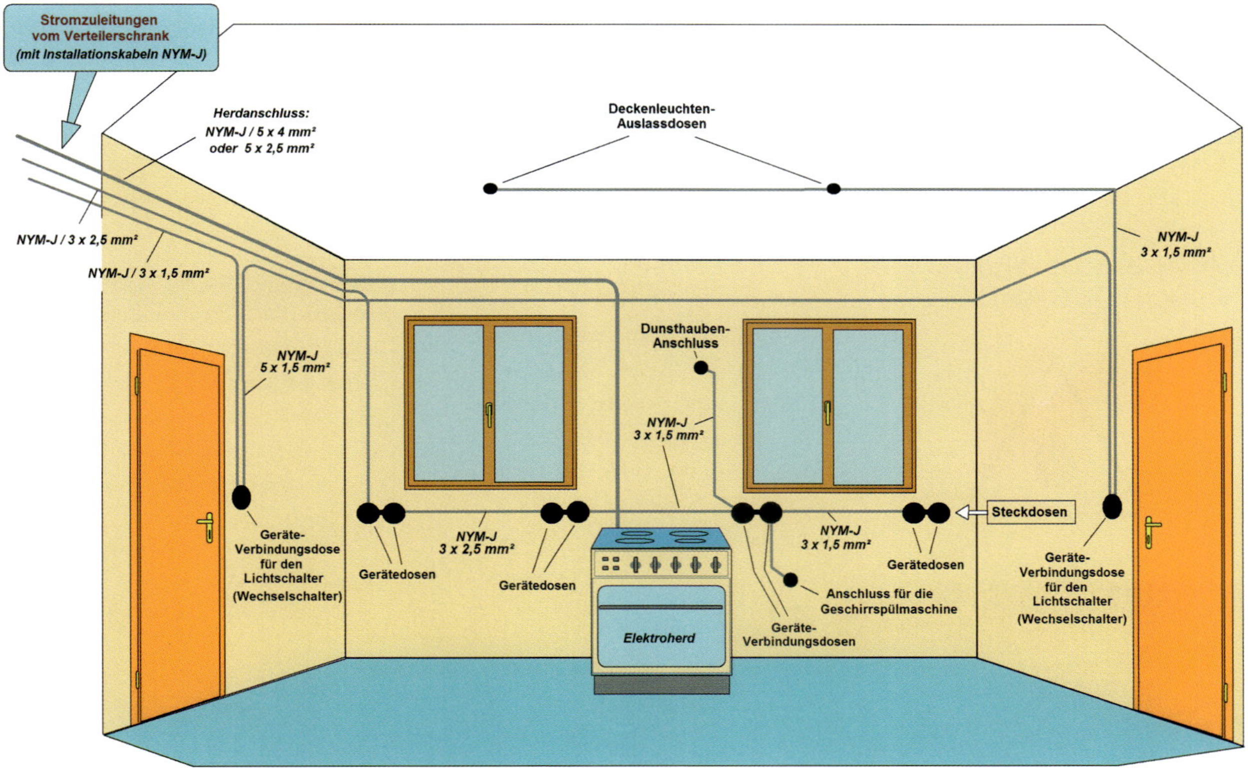

Abb. 114: Installationsbeispiel einer Küche mit drei separaten Stromzuleitungen

Bliebe noch darauf hinzuweisen, dass laut Vorschrift der **Schutzleiter** jeweils denselben Querschnitt haben soll wie der **Phasenleiter** und der **Nullleiter.**

Bei den relativ niedrigen Preisen der Leiter (darunter des Installationskabels der Type NYM-J) und bei den relativ hohen (und voraussichtlich steigenden) Stromkosten, sollten alle kräftiger belasteten Zuleitungen lieber etwas großzügiger überdimensioniert als unterdimensioniert werden. Das verringert Leistungsverluste in Leitungen, die schwerer belastet werden und die im Prinzip alle als kleine „Heizkörper" anzusehen sind, denn die Leistung, die in ihnen durch ihren Ohmschen Widerstand verloren geht, wärmt sie immer etwas auf, da sie sich – vereinfacht formuliert – in Wärme umwandelt.

Eine zu sparsam dimensionierte Leitung kann sich bei einer höheren Stromabnahme auf eine „Heizkörpertemperatur" erwärmen. Ein heißer Leiter verschwendet nicht nur elektrische Energie. Er bringt auch im Laufe der Zeit alle Verbindungs- und Anschlussklemmen (u.a. in Abzweigdosen und in Steckdosen) zum Glühen, wodurch entweder die Verbindung unterbrochen wird, oder bei etwas Pech auch Brand ausgelöst werden kann.

In dieser Hinsicht hat man bei einer selbst entworfenen und selbst erstellten Elektroinstallation denselben Vorteil, den eine Hausfrau beim Backen eines eigenen guten Gebäcks hat: Man spart durch die Eigenleistung derartig viel Geld, dass man es sich erlauben darf, wesentlich bessere Zutaten zu verwenden, als ein „Gewerbetreibender", der an Material und Zeitaufwand auf „Biegen oder Brechen" sparen muss, um die hohen Löhne (worunter auch seinen eigenen „soliden" Lohn) in den Preis einkalkulieren zu können.

Außenbeleuchtung

Außenleuchten unterscheiden sich von Innenleuchten nur dadurch, dass sie entsprechend wetterbeständig sein müssen. Dies gilt selbstverständlich auch für das restliche Montagezubehör, wie Schalter, Abzweigdosen usw., das für diese Zwecke meist unter der Bezeichnung „spritzwassergeschützt" angeboten und mit einem Wassertropfen im Dreieck gekennzeichnet ist:

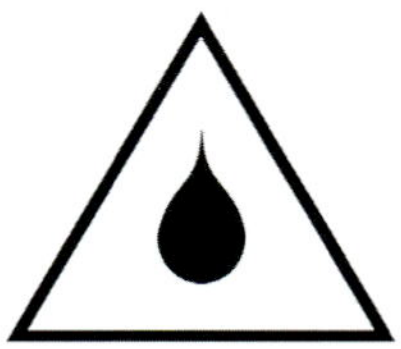

An den Schaltungsprinzipien, die bereits in vorhergehenden Kapiteln erläutert wurden, ändert sich dabei nichts. Die Stromleitungen müssen jedoch unbedingt mit passenden Kabeln verlegt werden. Für Leitungen an Mauern oder Holzkonstruktionen, die nicht zu sehr von der Sonne bestrahlt werden, eignen sich die „normalen" Feuchtraumkabel der Type **NYM-J**. Die Kunststoffummantelung dieser Kabel wird bei länger andauernder intensiver Sonnenbestrahlung brüchig. Daher sollten zumindest die Leitungsteile, die von der Sonne stärker bestrahlt werden, bevorzugt mit dem Erdkabel der Type **NYY-J** oder **NYY-O** ausgeführt werden. Ähnlich wie die Innenleuchten, sind einige der Außenleuchten ebenfalls nur aus Kunststoff und benötigen dann keinen Schutzleiteranschluss. Ansonsten darf hier der Schutzleiter nicht fehlen und sollte unter die vorgesehene Lampenklemme wirklich perfekt festgeschraubt werden!

Wichtig:

Bevor Sie an einer bereits bestehenden elektrischen Leitung eine Außenlampe demontieren oder montieren, vergewissern Sie sich mittels eines intakten Spannungsprüfers, dass die Netzspannung auch wirklich ausgeschaltet ist.

Abb. 115: Außenleuchten, die am Haus installiert sind, erhalten ihre Zuleitungen überwiegend vom Haus-Inneren und benötigen oft keine Außen-Zuleitungen.

Wand- und Decken-Außenleuchten

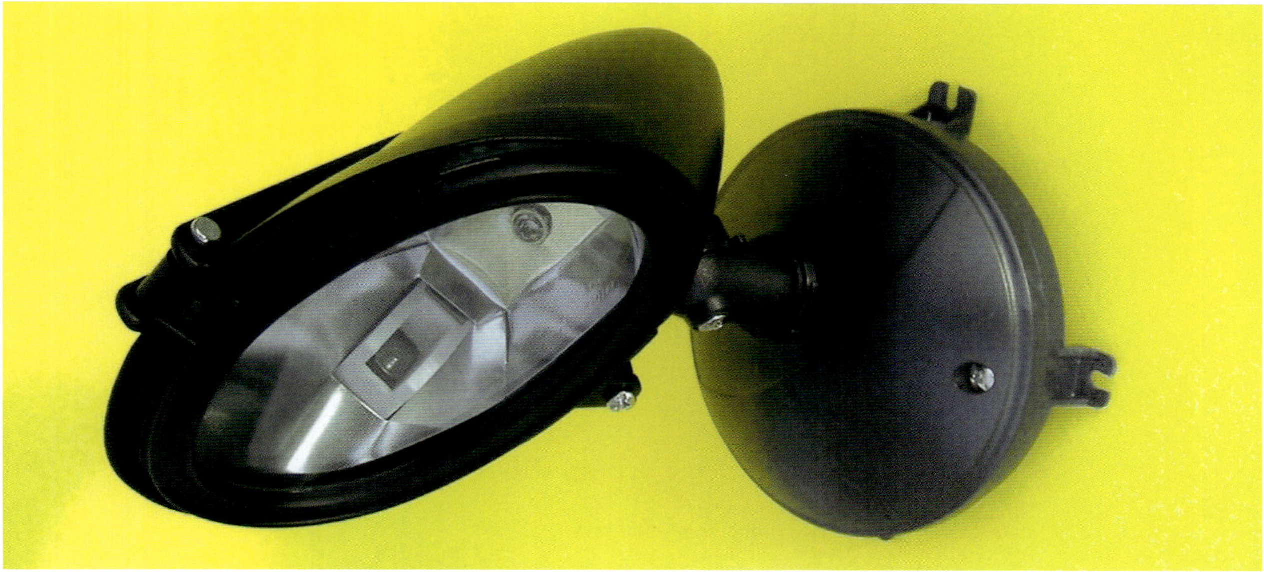

Abb. 116: Wand-Halogenscheinwerfer für den Außenbereich (Foto/Anbieter: Westfalia)

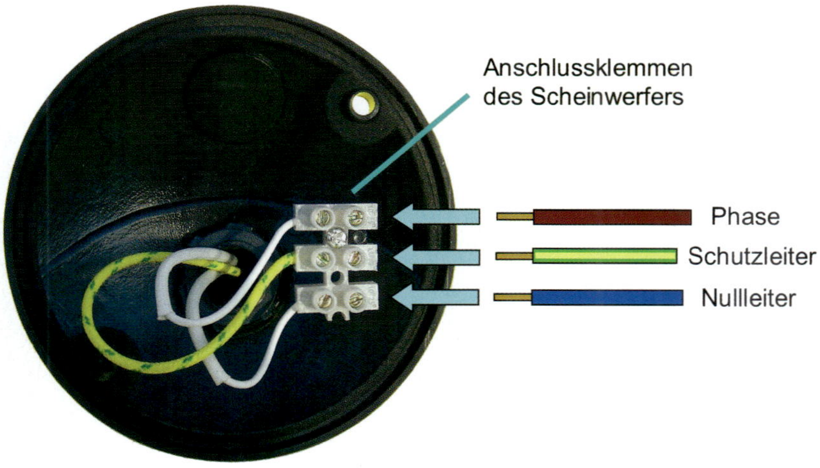

Abb. 117: Stromanschluss des Halogenscheinwerfers aus vorhergehender Abbildung

Insofern es sich bei einem Vorhaben nur um das Ersetzen einer bereits bestehenden Außenleuchte handelt, liegt der größte Arbeitsaufwand in der mechanischen Demontage der alten und der Montage der neuen Leuchte. Für den eigentlichen Elektroanschluss sind auch hier die meisten Leuchten mit den üblichen Lüsterklemmen versehen, wie z.B. der Wand-Halogenscheinwerfer in Abb.116. Dieser Scheinwerfer verwendet als Leuchtmittel keine herkömmliche Glühlampe mit Gewinde, sondern einen Halogen-Quarzstab, bei dem es nicht darauf ankommt, an welcher seiner Seiten die Phase und der Nullleiter angeschlossen werden. Daher dürfen hier die beiden internen Stromzuleitungen weiß sein (nur von der mittleren Schutzleiter-Lüsterklemme führt ein grün-gelber Leiter in die Leuchte hinein).

Sockelleuchten

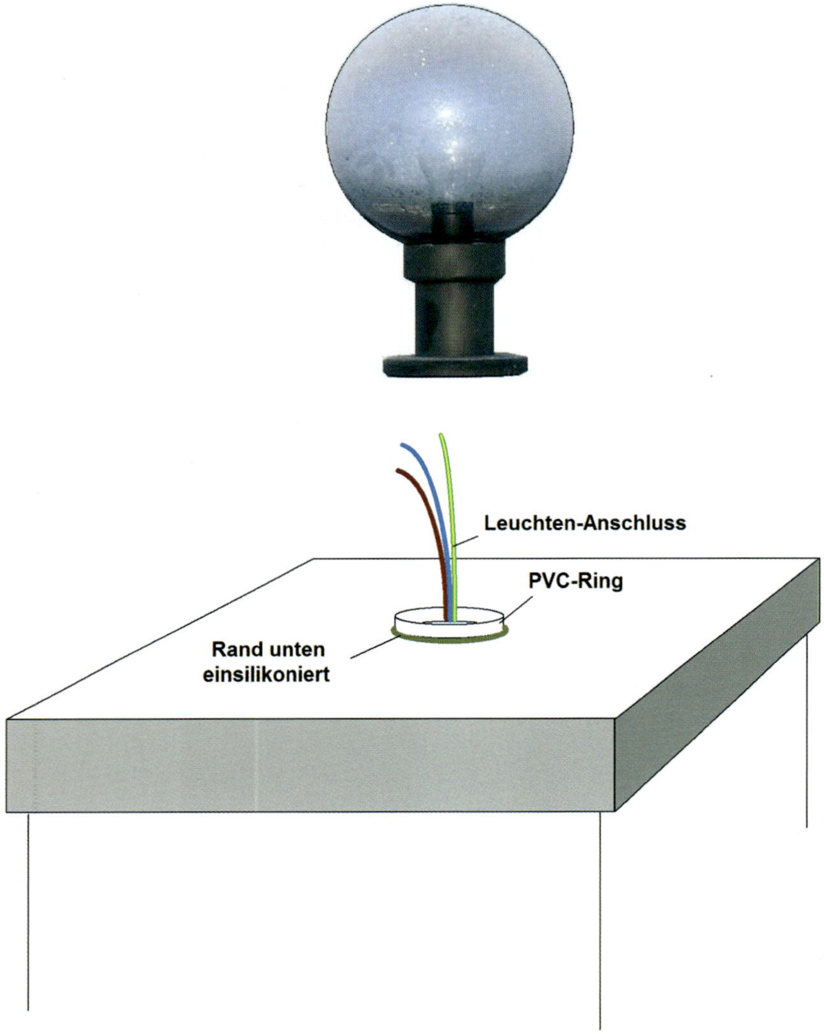

Abb. 118: Installationsbeispiel einer Sockelleuchte auf einem Torpfosten

Sockelleuchten werden meist an Pfosten und Mauern auf eine ähnliche Weise wie die Wandleuchten montiert. Dabei ist nur darauf zu achten, dass die Leuchte beim Regen nicht in einer Pfütze (in einer Vertiefung) steht, bzw. dass die Bohrung für die Stromzuleitung nicht zu einem Regenwasserabfluss wird. Das Letztere lässt sich z.B. dadurch verhindern, dass um das Loch der Stromzuleitung ein PVC-Ring nach Abb. 118 (der z.B. aus einer Kunststoffflasche ausgeschnitten werden kann) als „Schutzdamm" aufgeleimt wird.

Abb. 119: Sockelleuchte auf Torpfosten

Standleuchten, Pfeilerleuchten und Kandelaber

Für die Montage von Standleuchten, Pfeilerleuchten und Kandelaber gilt dasselbe wie für die Sockelleuchten. Bei einer Neuinstallation muss für diese Lampen erst ein entsprechend stabiles Betonfundament errichtet werden, in das ein flexibles Elektroinstallationsrohr oder ein härterer 3/4-Zoll-Wasserschlauch für das Zuleitungs-Erdkabel der Leuchte nach Abb. 121 einbetoniert wird.

Höhere Pfeilerleuchten und Kandelaber benötigen ein Betonfundament, das bevorzugt bis in die „frostfreie Tiefe" von 80 cm hineinreichen sollte. Es kann z.B. nach einem der Beispiele aus Abb. 121 und 122 leicht im Selbstbau errichtet werden.

Abb. 120: Pfeilerleuchten und Kandelaber benötigen tiefe Betonfundamente (Foto: Conrad Electronic).

Standleuchten, Pfeilerleuchten und Kandelaber

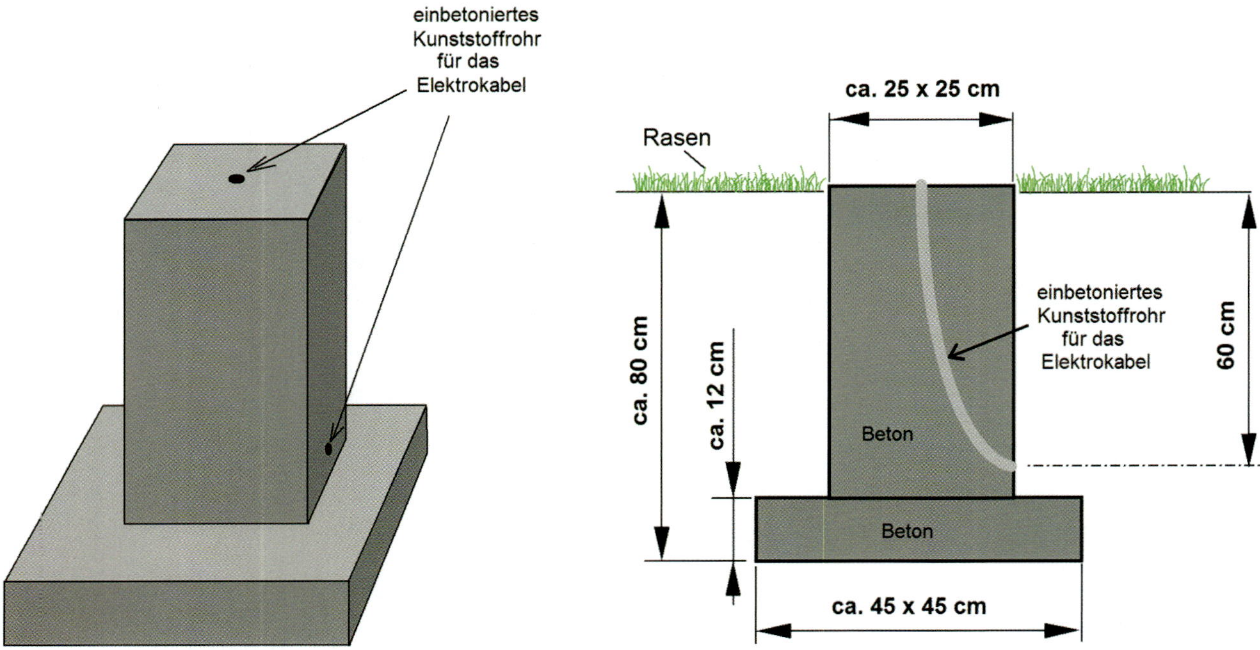

Abb. 121: Ausführungsbeispiel eines schweren Betonfundamentes für eine große Kandelaberleuchte mit einem einbetonierten flexiblen Kunststoffrohr für das Zuleitungs-Elektrokabel

Unser Tipp:

Für die eigenhändige Erstellung eines solchen Fundamentes erhalten Sie im Baumarkt Fertigbeton (bzw. „Beton-Estrich"), der als Sackware (ca. 40 kg pro Sack) relativ leicht transportierbar (im Auto-Kofferraum) ist. Ein 40-kg-Fertigbeton-Sack reicht für ca. 20 Liter (20 dm?) Fundament aus. Das ergibt z.B. eine viereckige Betonplatte von ca. 50 x 50 x 8 cm bzw. eine runde Betonplatte Ø 50 x 10 cm. Solche Platten eignen sich jedoch nur für kleinere Pfeil- und Standleuchten.

Bei eigenhändiger Anfertigung kann der Fertigbeton nur portionsweise in einem größeren Baueimer mit einer Maurerkelle oder mit einer „Mischspirale" (die in eine kräftigere elektrische Handbohrmaschine eingesetzt wird) gemischt werden. Geben Sie aber nur sparsam Wasser zu, denn der Beton soll nur „erdfeucht" sein und keinen Brei bilden. Stampfen Sie den Beton schichtweise (mit einem Holzpfahl) gut dicht.

Planen Sie das Betonieren so ein, dass Sie damit bevorzugt an einem Tag fertig sind - andernfalls binden sich die einzelnen Betonschichten (Eimerinhalte) nicht zuverlässig. Die in Abb. 122 gezeichnete Form spart Beton und Arbeitsaufwand. Für den oberen Teil werden Sie jedoch eine Schalung benötigen, die Sie vorher ebenfalls eigenhändig erstellen können (aus alten Brettern oder Sperrholzplatten, die nach dem Betonieren evtl. in der Erde bleiben können).

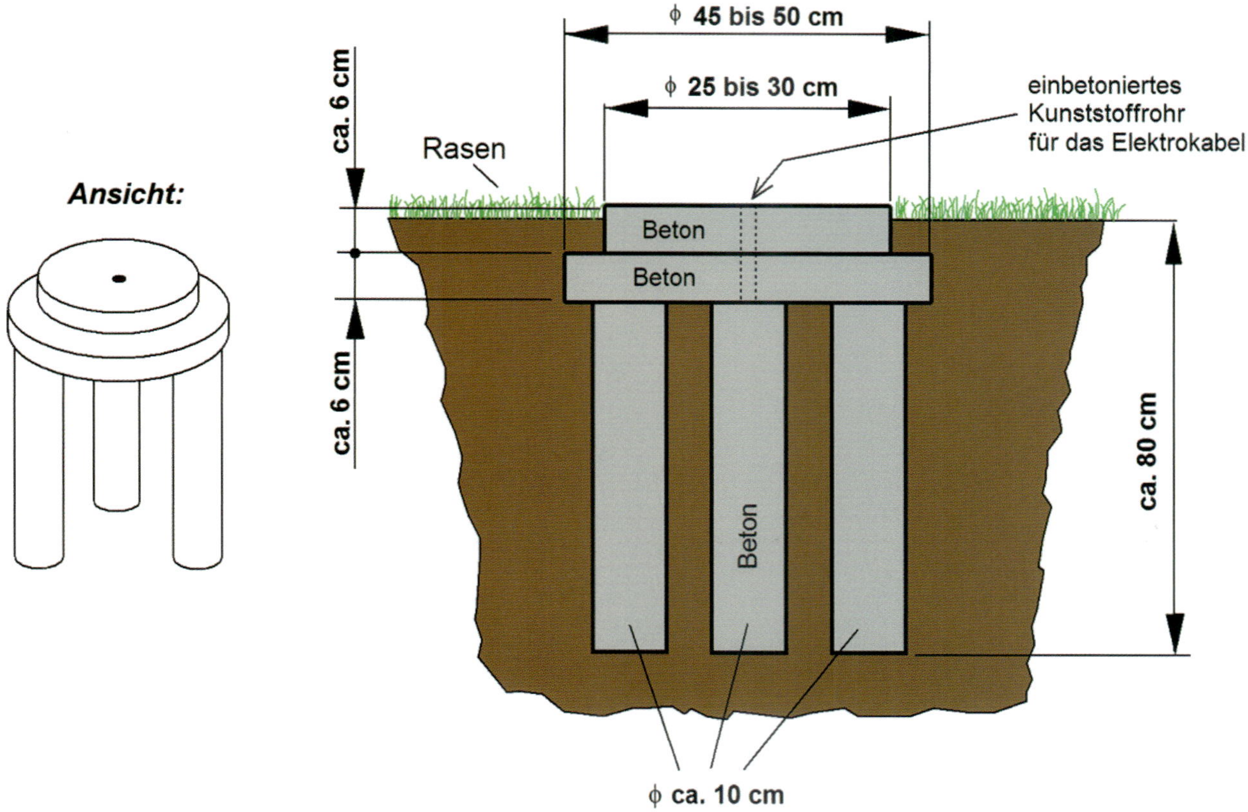

Abb. 122: Mit einem einfachen Hand-Erdbohrer kann nach diesem Beispiel ebenfalls ein stabiles Fundament für eine Kandelaber- oder Pfeilerleuchte erstellt werden

Einbruchsschutz-Beleuchtung

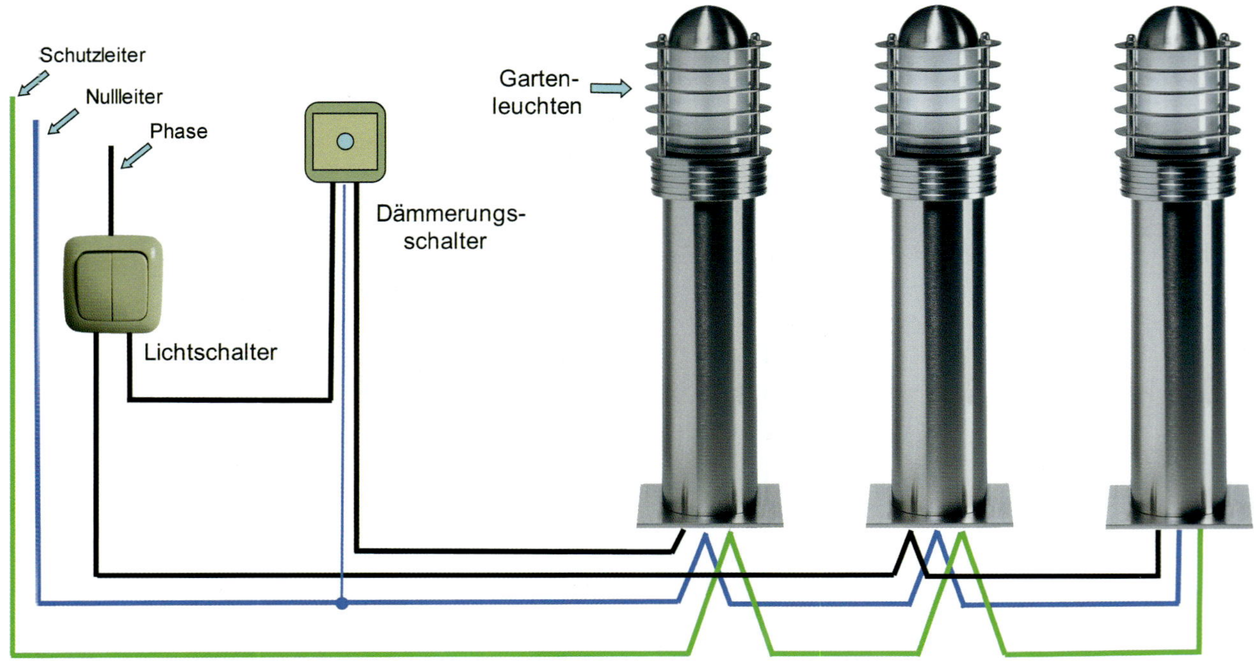

Abb. 123: Pfeilerleuchten und Kandelaber benötigen tiefe Betonfundamente.

Als „Einbruchsschutz-Beleuchtung" werden meist einige Lampen der normalen Außenbeleuchtung nachts automatisch eingeschaltet. Hier bietet sich bevorzugt die Anwendung eines Dämmerungsschalters an. Wenn z.B. zwei oder drei Leuchten an der Haustür installiert werden, kann eine von ihnen über einen Dämmerungsschalter und die andere(n) nur über einen Lichtschalter an das Hausnetz Abb. 123 angeschlossen werden.

Außenleuchten, die mit einem Bewegungsmelder versehen sind, eignen sich zwar ebenfalls als Einbruchsschutz-Beleuchtung, aber sollten nicht zu nahe an Schlafzimmerfenstern montiert werden. Der Grund liegt darin, dass die PIR-Bewegungssensoren der Leuchten z.B. einen Menschen von einer Fledermaus oder sogar einer Katze oder einem Nachtfalter nicht – oder nur dürftig – unterscheiden können. Manche reagieren sogar auf warme Luftströmungen mit Ein- und Ausschalten, was sehr störend sein kann, wenn solche Vorgänge nachts im Schlafzimmer wahrnehmbar sind. Als Einbruchsschutz taugen solche Geräte nur bedingt und nur sehr unzuverlässig.

Dämmerungsschalter sind teilweise in diversen Außenleuchten bereits eingebaut, aber alternativ auch als separate Kleingeräte erhältlich, an die eine oder auch mehrere Außenleuchten angeschlossen werden können. Sie schalten die Beleuchtung bei einbrechender Dunkelheit automatisch ein und im Morgengrauen wieder aus. Bei manchen Dämmerungsschaltern sind die Ein- und Ausschaltschwellen individuell einstellbar, bei anderen sind sie herstellerseitig fest vorgegeben.

Manche der Dämmerungsschalter sind zum Einbau in Leuchten geeignet, andere sind als wetterunempfindliche Wandgeräte ausgelegt oder für den Einbau in zusätzliche Wanddosen vorgesehen. Bei der Anschaffung eines Dämmerungsschalters ist auf seine maximal zugelassene Belastung zu achten.

Außenleitungen an Gebäuden

Die meisten Elektroinstallationen im Außenbereich bestehen meistens nur aus einfacheren Kabelzuleitungen an deren Ende Außenlampen, spritzwassergeschützte Außensteckdosen, Lichtschalter und elektrische Verbraucher angeschlossen sind.

Für Außenleitungen ist z.B. dasselbe dreiadrige Kunststoffkabel **NYM-J** / 3 x 1,5 mm² - oder alternativ mit vier bis fünf Adern (als 4 x 1,5 mm² bzw. 5 x 1,5 mm² — geeignet, das auch für Installationen in Feuchträumen vorgeschrieben ist. Allerdings nur unter der Bedingung, dass es entweder voll unter dem Putz oder zumindest nur dort auf dem Putz verlegt wird, wo es gegen ein direktes Sonnenlicht geschützt ist (andernfalls wird seine Isolation brüchig und somit unakzeptabel).

Falls diese Anforderung nicht zufriedenstellend erfüllt werden kann, lassen Sie sich im Elektrofachhandel beraten, was Ihnen jeweils als Alternative empfohlen werden kann. In den meisten Fällen werden Sie dann auf das (relativ preiswerte) Kunststoff-Erdkabel **NYY-J** / 3 x 1,5 mm² (oder 5 x 1,5mm², 3 x 2,5 mm² u. Ä.) ausweichen müssen. Das können Sie sowohl auf eine Außenmauer als auch auf diverse andere Konstruktionen (Pergola, Carport) als Außenleitung anbringen - und natürlich auch in die Erde verlegen.

Zur Befestigung des Kabels an der Mauer oder an anderer Konstruktion werden Kunststoffschellen verwendet, die z.B. als Nagelschellen, Schraubenschellen oder Schnellmontage-Schellen (Klemmfix) erhältlich sind. Achten Sie beim Kauf darauf, dass die Schellen mit dem Kabeldurchmesser übereinstimmen (sie brauchen ca. 4 bis 5 Schellen pro Meter waagrechter und ca. 3 Schellen pro Meter senkrechter Leitung).

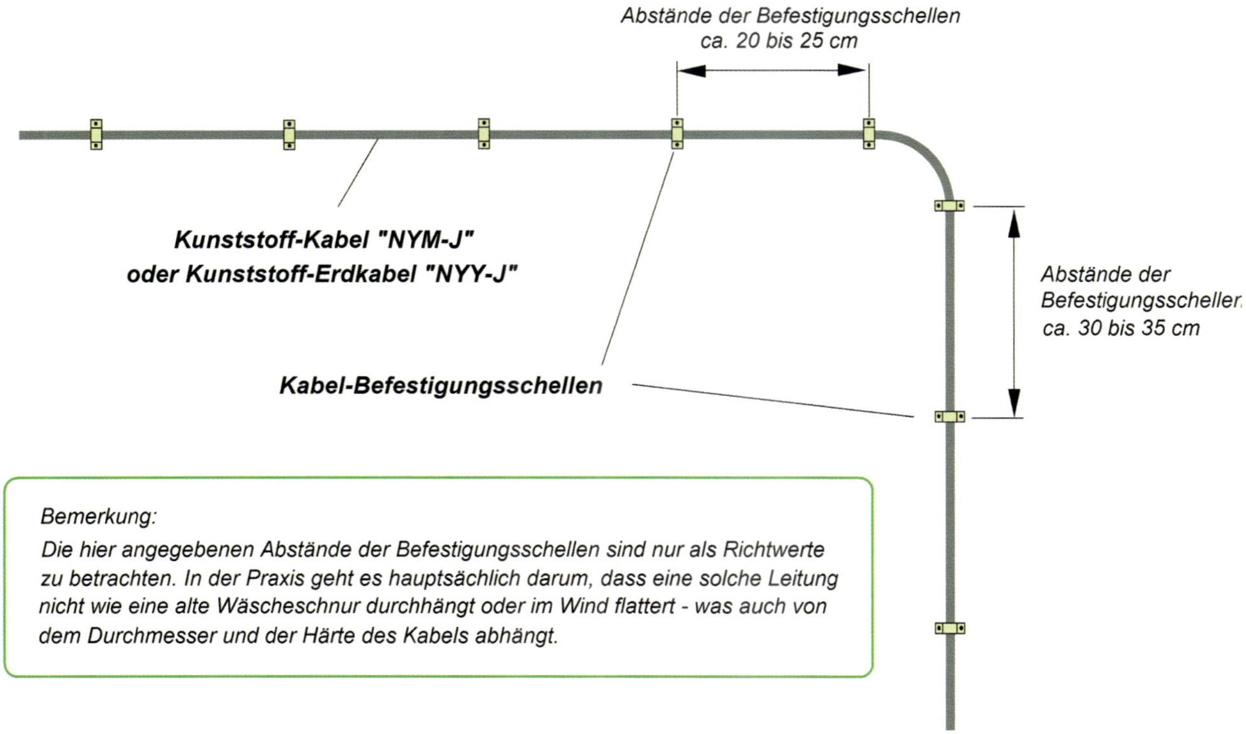

Abb. 124: Anordnungsbeispiel der Befestigungsschellen an einer Kabel-Außenleitung

Erdkabel

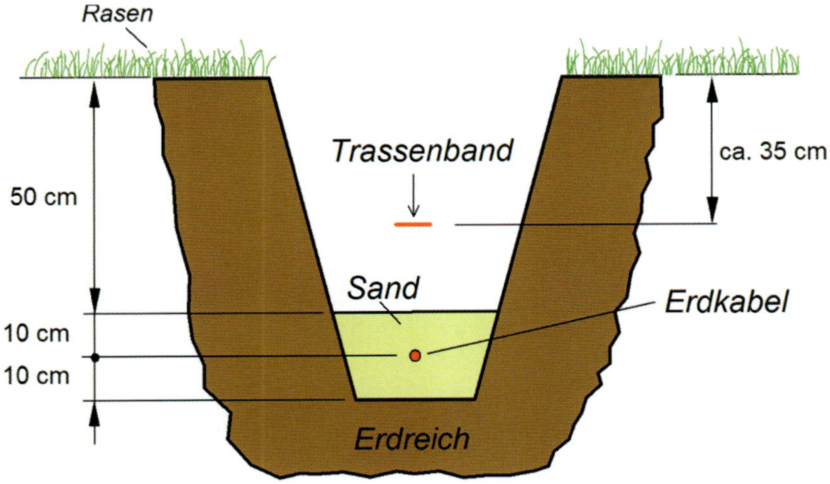

Abb. 125: So wird ein Erdkabel richtig verlegt

Ein frei in die Erde verlegtes „Erdkabel" sollte laut Vorschrift 60 cm tief, auf einer ca. 10 cm hohen Sandschicht nach Abb. 102 unter der Oberfläche verlegt und mit weiteren ca. 10 cm Sandschicht abgedeckt werden. Darauf kommt die ausgehobene Erde.

Je steiniger die Erde ist, mit der das Kabel wieder zugeschüttet wird, desto großzügiger sollten Sie beim Anbringen der oberen Sandschicht sein. Andernfalls können schwere Steine im Laufe der Zeit durch eine zu dünne Sandschicht „schwimmend" nach unten durchdringen und das Kabel beschädigen.

Um zu verhindern, dass das Erdkabel beim Eingraben von Pflanzen oder bei anderen späteren Erdarbeiten beschädigt wird, legen „Profis" überhalb der oberen Sandschicht gelbe Trassen-Kunststoffbänder (in voller Kabellänge) oberhalb des Kabels ein. Sie können zu diesem Zweck auch ein preiswertes rot-weißes Baustellen-Absperrband verwenden und an kritischen Stellen evtl. auf die obere Sandschicht noch einige alte Dachziegel oder Fliesen legen. Als „kritische Stellen" gelten im Garten Stellen, an denen möglicherweise in der Zukunft noch tief gegraben werden könnte, um z.B. einen Baum zu pflanzen. Vor derartigen unerwünschten Eingriffen kann Sie eine eigenhändig angefertigte maßgerechte Zeichnung bewahren, die Sie bei Ihren Familiendokumenten auffindbar deponieren.

Für den eigentlichen Erdaushub eignen sich am besten die Monate März/April. Da ist (bei etwas Glück) die Erde weich und Sie kommen meist mit einem normalen Spaten aus. Nur für die unterste schmale Grabensohle werden Sie noch eine schmale Handschaufel (z.B. eine kleine Kohlenofen-Schaufel) benötigen. Die Grabenwände müssen (nach Abb. 102) der Stabilität wegen schräg verlaufen.

Für Netzspannungs-Stromleitungen im Erdreich sind im Fachhandel spezielle Kunststoff-Erdkabel unter der Typenbezeichnung **NYY-J**, **NYCY** oder **NYCWY** mit Leitungsquerschnitten von u.a. 3 x 1,5 mm^2 oder 3 x 2,5 mm^2 (bis zu 5 x 25 mm^2 oder 40 x 2,5 mm^2) erhältlich.

Als Stromquelle für das Erdkabel eignet sich am einfachsten eine bestehende Abzweigdose, die sich z.B. an der Keller-Innenmauer befindet (Abb. 126a) oder eine Steckdose die in einem der Erdgeschossräume (Abb. 126b) vorhanden ist. Diese beiden Vorschläge kommen allerdings nur dann in Betracht, wenn das Erdkabel nur eine relativ bescheidene Stromversorgung zu bewältigen hat – wie z.B. zu einer Gartenleuchte, Gartensteckdose, für die Beleuchtung eines kleinen Gartenpavillons u. Ä. (andernfalls ist eine separate Zuleitung vom Verteilerkasten erforderlich).

Für den in Abb. 126a eingezeichneten Erdkabelanschluss kann bei Bedarf auch eine zusätzliche Abzweigdose oder Steckdose im Keller installiert werden.

Das in Abb. 126b eingezeichnete Alu- oder Kupfer-Schutzrohr schützt das PVC-Erdkabel vor mechanischen Beschädigungen. Ein Schutzrohr aus hartem Kunststoff würde auch genügen, ist jedoch nicht so stabil, wie z.B. ein handelsübliches „PVC-ummanteltes Ø 12-mm-Sanitär-Kupferrohr" oder ein Ø 12 x 1,5 bzw. Ø 14 x 2 Alu-Rohr.

Der Kabeldurchgang nach außen wird mit einem Steinbohrer leicht schräg mit einem Gefälle nach außen durch die Mauer gebohrt, damit das Regenwasser nicht zum

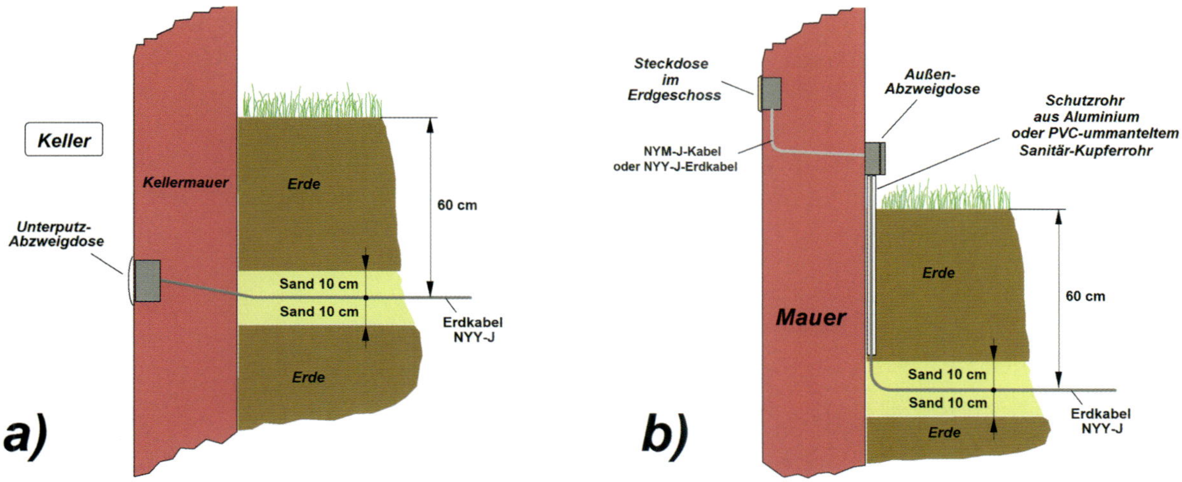

Abb. 126: Anschluss des Garten-Erdkabels: a) an eine Unterputz-Abzweigdose im Keller; b) an einer Steckdose im Erdgeschoss

Abb. 127: Funkschalter mit einer max. Schaltleistung von 3680 VA (Foto: Conrad Electronic)

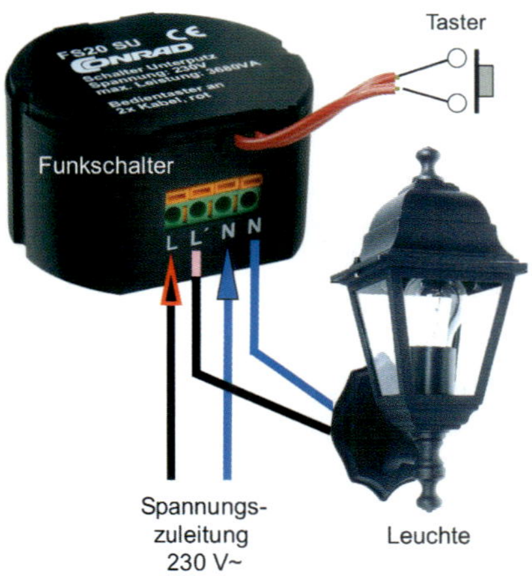

Abb. 128: Anschluss des Funkschalters aus vorhergehender Abbildung

Unser Tipp:

Eine Gartensteckdose sollte - der Unfallverhütung wegen - bevorzugt an einen Stromkreis angeschlossen werden, der im Verteilerkasten (Sicherungsschrank) durch einen FI-Schutzschalter abgesichert ist. Alternativ kann eine spezielle Außensteckdose verwendet werden, in der ein solcher FI-Schutzschalter bereits integriert ist (siehe hierzu auch Seite 92).

Hineinfließen ins Haus animiert wird. Danach wird außen der Durchgang mit einem guten Bausilikon (nicht mit einem Acryl-Silikon) abgedichtet. Evtl. Beschädigungen in der Außenmauer unter der Erde können noch vor dem Einsilikonieren mit Bitumen ausgebessert werden.

Wenn am „Kabelende" eine Lampe oder ein anderer Verbraucher vorgesehen ist, der eine geschaltete Stromzuleitung erfordert, sollte der Schalter bevorzugt im Hausinneren installiert werden. So kann z.B. neben der bestehenden Unterputz-Dose eine zweite Dose mit einem Funkschalter installiert werden, der von einer beliebigen Stelle aus fernbedient werden kann. Falls der Funkverbindung eine Betondecke mit Bewehrung im Wege steht, wird die Funkübertragung nicht bei jedem Gebäude – bzw. nicht von jedem Standort aus – funktionieren (was vorher ausprobiert werden sollte). Der kleine Einbau-Funkschalter von Conrad Electronic aus Abb. 127/128 kann auch direkt in der Leuchte untergebracht werden (wenn da Platz ist).

Unterschiedlich kombinierte Leitungen

Ist eine bestehende Elektroinstallation bereits mit Rohren angelegt, ist es technisch elegant, wenn auch eventuelle neue Leitungen auf dieselbe Art verlegt werden. Ob man sich jedoch für diese Lösung entscheidet, hängt oft von den Kosten der erforderlichen Anschaffungen sowie auch vom individuellen Ermessen ab. Nichts spricht dagegen, dass ein zusätzlicher Anschluss mit einer anderen Leitung nachverlegt wird – wie das Beispiel in Abb. 129 zeigt.

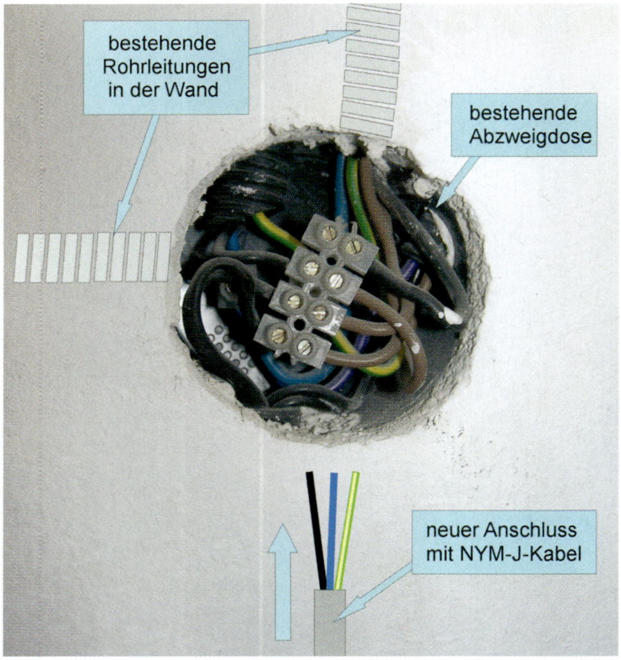

Abb. 129: Ein neuer Anschluss muss nicht unbedingt mit derselben Leitung gemacht werden, mit der das Hausnetz ausgeführt ist.

Wenn es sich um Leitungen handelt, die nur sporadisch und relativ gering belastet werden – wie z.B. Zuleitungen zu der Zimmerbeleuchtung oder zu normalen Geräten der Heimelektronik – dürfen die Leitungen mit Leitern quasi bis zum „geht nicht mehr" gefüllt werden. Leitungen, die schwer und jeweils langfristiger belastet werden – wie z.B. bei der Stromversorgung von Elektroherden, Waschmaschinen, Wäschetrocknern oder anderen stärkeren (und länger laufenden) Maschinen – heizen sich während einer kräftigeren Stromabnahme ziemlich auf. Sie sollten daher mit Leitern mit größerem Kupferquerschnitt angelegt werden. Zudem darf man sie nicht mit anderen Leitungen in demselben Rohr verlegen, die sich ebenfalls aufwärmen bzw. aufwärmen könnten.

Soll eine Verbindungsklemme mehrere Leiter unterschiedlicher Querschnitte (und somit auch unterschiedlicher Durchschnitte) zuverlässig verbinden, ist bei der Montage darauf zu achten, dass alle Leiter auch ausreichend „tief" in die Klemme hineingesteckt werden und dass keiner von ihnen nur locker in einem „Hohlraum" sitzt:

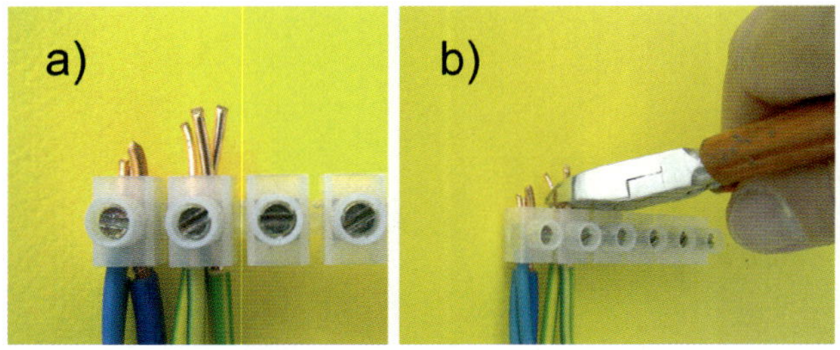

Abb. 130: Was für einen Menschen unerwünscht ist, gilt nicht für einen elektrischen Leiter: wenn er schon in der Klemme sitzt, dann aber ordentlich!

Isolieren Sie die Leiter für die Montage etwas länger ab, als unbedingt notwendig wäre und setzen Sie sie in die Klemme bevorzugt so ein, dass Sie ihre herausragenden Enden nach Abb. 130a sehen (und zählen) können. Auf diese Weise wird verhindert, dass einer der Leiter versehentlich nur mit seiner Spitze in der Klemme sitzt, zu einem Wackelkontakt wird oder heraus fällt.

Nachdem Sie die Leiter in der Klemme fest verschraubt haben, zwikken sie ihre überstehenden Enden nach Abb. 130b und drehen sie anschließend nochmals mit einem Schraubendreher fest zu.

Bei unterschiedlich kombinierten Leitungen lässt es sich manchmal nicht vermeiden, dass zwei Verbindungsklemmen-Teile in einer Abzweigdose nach Abb. 131 untergebracht werden müssen. Ordnen Sie in dem Fall die Klemmen in der Dose so an, dass es zwischen ihnen – oder den abisolierten Leiterenden zu keinem versehentlichen Kontakt (Kurzschluss) kommen kann.

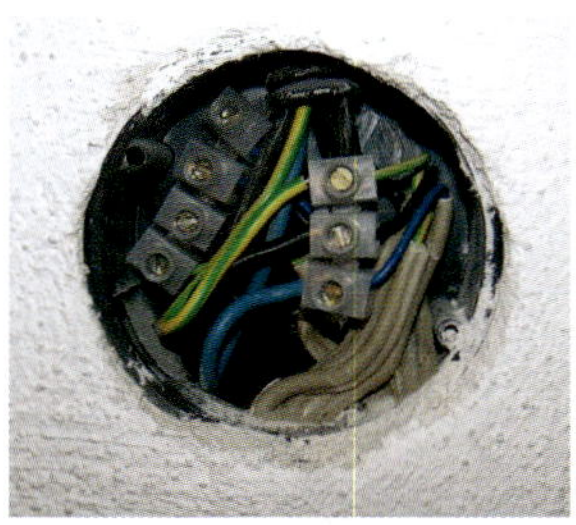

Abb. 131: Bei mehreren Leiterklemmen in einer Abzweigdose müssen diese ausreichend weit auseinander angeordnet sein um keinen Kurzschluss zu verursachen.

Wie wird es gemacht?

Abisolieren der Drähte

Erforderliches Werkzeug

a) Abisolierzange – falls vorhanden, ansonsten ein scharfes Messer

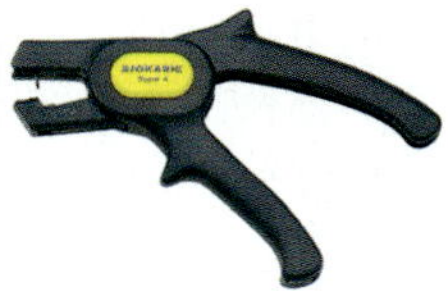

b) Seitenschneider oder eine Kombizange

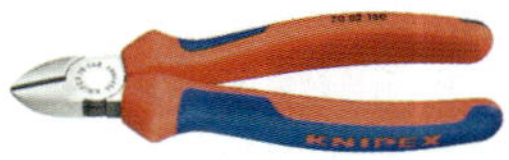

Die Anforderungen an Handfertigkeit sind bei Elektroinstallationsarbeiten ziemlich bescheiden, aber man muss dennoch wissen, wie etwas konkret gemacht wird.

Für das Abisolieren von „Elektrodrähten" (Leitern) gibt es eine große Auswahl an Abisolierzangen, mit denen die Kunststoffisolation des Leiters angeschnitten und abgezogen wird (siehe hierzu auch Kap. „Empfohlene Werkzeuge").

Einfachere Abisolierzangen sind mit einer Stellschraube versehen, mit der sie auf den Durchmesser des Kupferdrahtes (probeweise) so eingestellt werden, dass sie die Isolation durchschneiden (bzw. fast durchschneiden), ohne dass sie die Oberfläche der Kupferdrahtes beschädigen. Das eigentliche Abisolieren erfolgt auf folgende Weise:

Schritt 1

Zange zusammendrücken

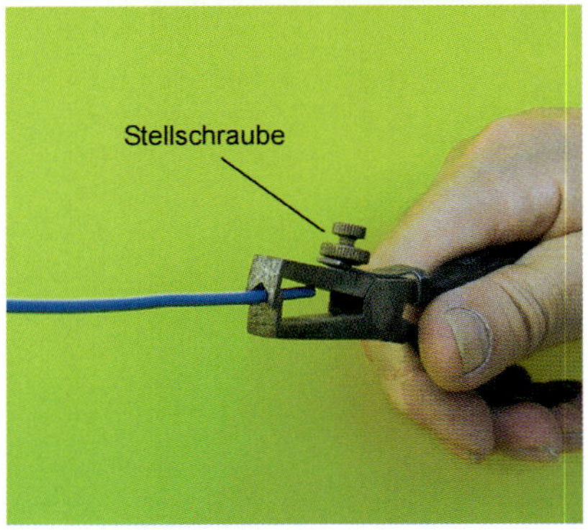

Mit der Stellschraube wird die Zange so eingestellt, dass sie beim Eindrücken nur die Isolation des Leiters durchschneidet, ohne dabei den Kupferleiter zu beschädigen.

Schritt 2

Drehen und abziehen

Die Zange wird – ähnlich wie eine Zwickzange – fest um den Leiter zusammengedrückt, danach – immer noch zusammengedrückt gehalten – leicht um die Achse gedreht, damit sich der abgezwickte Teil der Isolation von dem Leiter löst und anschließend leicht abziehen lässt.

Wenn Sie keine Abisolierzange haben, können Sie elektrische Leiter z.B. folgendermaßen abisolieren: Schneiden Sie mit einem scharfen Messer die PVC-Ummantelung des Leiters nach Abb. 132 vorsichtig ringförmig so an, dass der Kupferkern nicht beschädigt wird. Anschließend lässt sich die angeschnittene Ummantelung mit einem Seitenschneider (notfalls auch mit einer Kombizange) nach Abb. 133 abziehen.

Abb. 132: Die PVC-Ummantelung des Leiters wird ringförmig angeschnitten.

Abb. 133: Die angeschnittene PVC-Ummantelung wird vom Leiter mit einem Seitenschneider abgezogen.

Abisolieren der Drähte

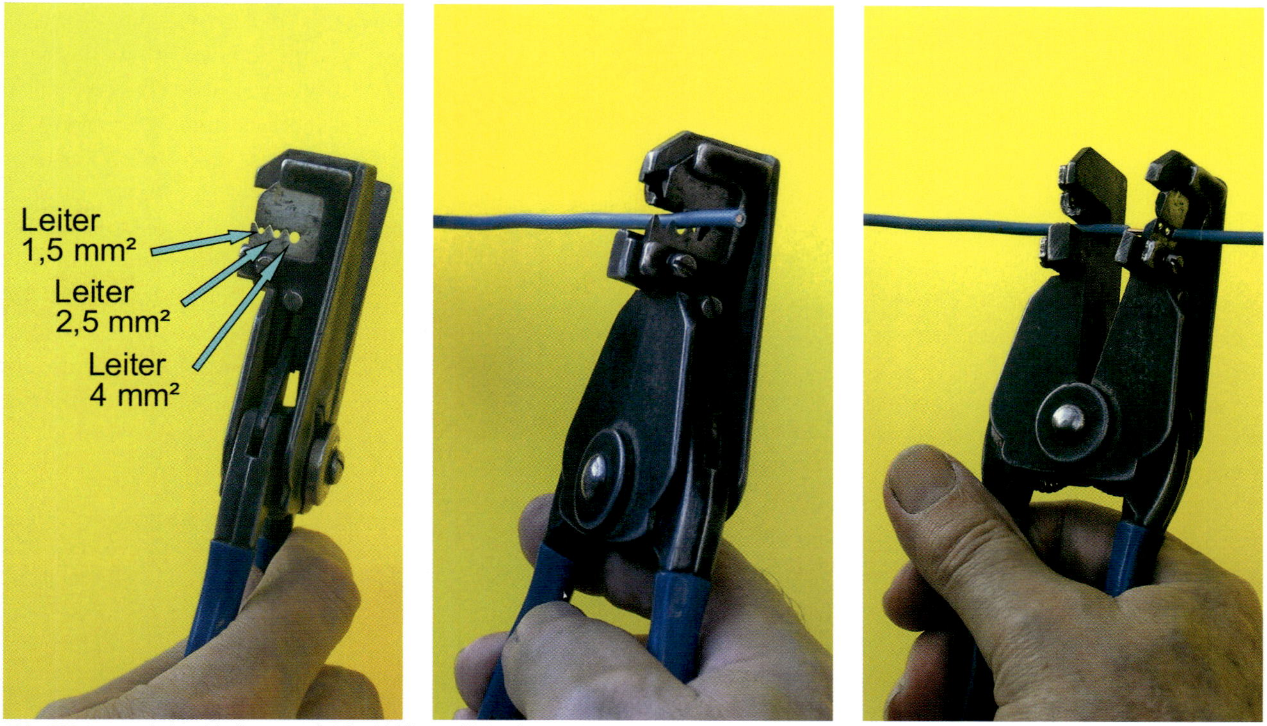

Abb. 134: Automatische Abisolierzange: a) Schneideklingen; b) Einschnitt in die Leiterisolation; c) Abziehen der Isolation vom Leiter

Automatische Abisolierzangen erledigen solche Aufgaben in einem Vorgang. Sie verfügen oft über mehrere V-förmige Schneideklingen, die z.B. nach Abb. 113a auf Kupferleiter-Durchmesser von 1,5 mm^2, 2,5 mm^2 und 4 mm^2 abgestimmt sind, und die sich beim Zusammendrücken der Zange wie die Messer einer Guillotine in die Isolation des Drahtes einschneiden – allerdings nur so tief, dass der Kupferleiter nicht beschädigt wird. Während des Abisolierens klemmt die Zange den Leiter nach Abb. 106 kräftig ein und hält ihn fest.

Sie können die Kunststoffisolation eines Leiters auch nur mit einem scharfen Messer vorsichtig anschneiden und danach mit einer Kombizange abziehen. Das Anschneiden sollte nur durch gefühlvolles „Eindrücken" des Messers in die Isolation (rundum) erfolgen, damit der Kupferdraht nicht beschädigt wird.

Abb. 135: Das Abisolieren der Leiterenden in Abzweigdosen geht am besten (und am schnellsten) mit einer „automatischen" Abisolierzange.

Schneiden und Abisolieren von Kabeln

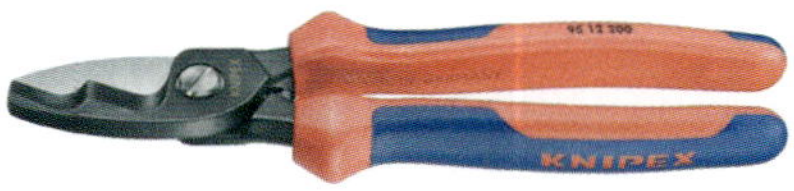

Abb. 136: Spezielle Kabelschneider erleichtern die Arbeit und sparen Zeit

Für das Schneiden von Installationskabeln gibt es zwar spezielle Kabelschneider (Abb. 136), mit denen ein sauberer und glatter Schnitt erzielt wird, aber für gelegentliches Schneiden genügt ein Seitenschneider oder eine Eisensäge.

Das Abisolieren eines Kabels stellt nur bescheidene Ansprüche an die Handfertigkeit, denn es geht allein darum, dass man an beiden Kabelenden die isolierten Leiter von der dicken Kunststoffummantelung befreit, ohne dass dabei die Isolation der Leiter oder die Finger zerschnitten werden. Mit einer solchen Arbeit haben die wenigsten Heimwerker Erfahrung. Daher dürfte es sinnvoll sein, dass der ganze Vorgang in einzelnen Schritten erläutert wird:

Schritt 1

Aussschneiden

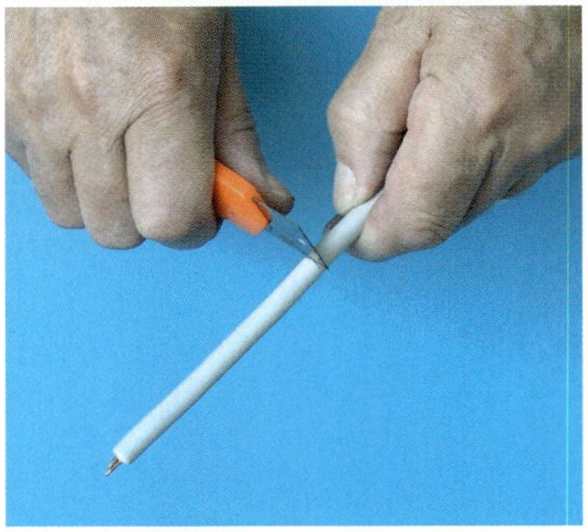

Überlegen Sie sich erst genau, ein wie langes Stück des Kabelendes von der Ummantelung befreit werden sollte. Schneiden Sie dann mit einem scharfen Messer rund um die Kabelummantelung einen ca. halben Millimeter tiefen Schnitt hinein.

Schritt 2

Durchtrennen

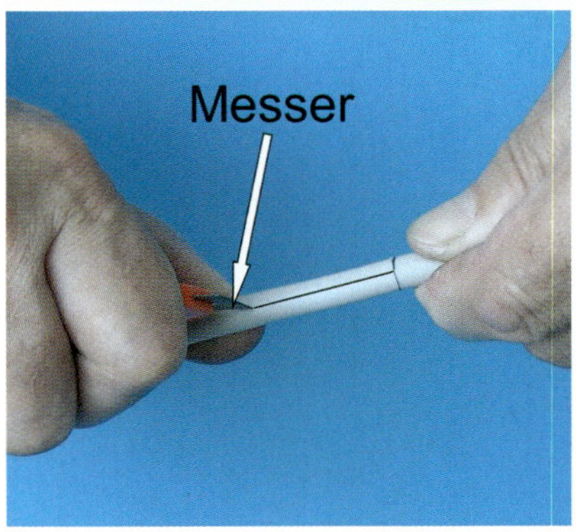

Schneiden Sie vorsichtig einen untiefen länglichen Schnitt in die Ummantelung hinein, der sich von dem eingeschnittenen „Ring" bis an das Kabelende zieht. Falls Sie sich nicht sicher sind, dass Sie sich dabei nicht in die Finger schneiden, können Sie das Kabel vor dieser „Operation" auf ein stabiles Brett legen. Streben Sie nicht an, die Ummantelung voll durchzuschneiden (dabei würden Sie die Isolation der einzelnen Kabelleiter beschädigen). Geben Sie sich einfach damit zufrieden, dass dieser Schnitt auch nur etwa einen halben Millimeter tief wird. Achten Sie darauf, dass Ihnen beim Schneiden das Messer oder das Kabel nicht abrutschen.

Schritt 3

Ummantelung öffnen

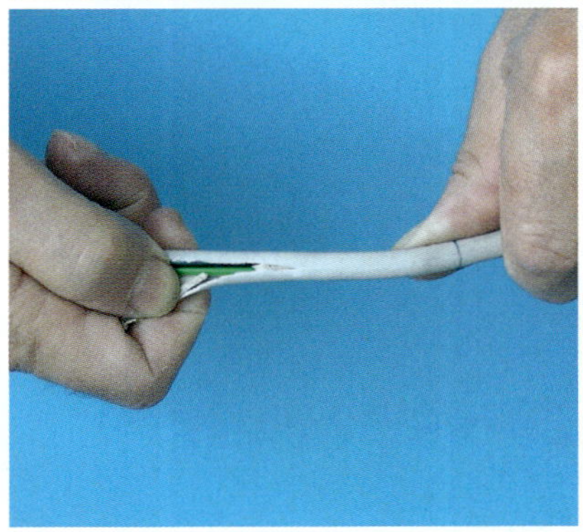

Zwicken Sie nun mit dem Fingernagel oder mit einem feineren Seitenschneider in den Schnitt am Kabelende hinein und versuchen Sie danach die Kabelummantelung mit den Fingern etwas auseinanderzureißen. Sie können dabei auch einen feinen Seitenschneider einsetzen.

Schritt 4

Ummantelung ab

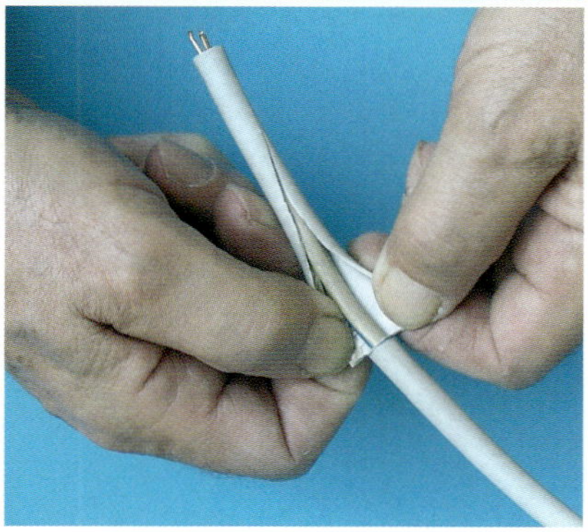

Öffnen Sie anschließend die Kabelummantelung bei der rundum angeschnittenen Stelle mit den Fingernägeln oder mit einem feineren Seitenschneider.

Schritt 5

Reste entfenen

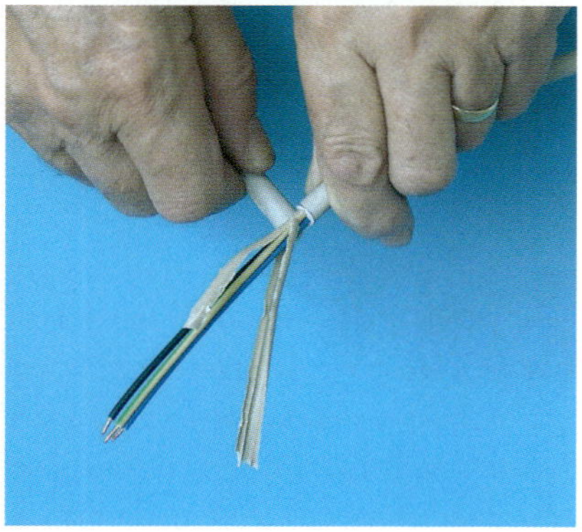

Entfernen Sie die Reste der Kabelummantelung

Schritt 6

Umrandung begradigen

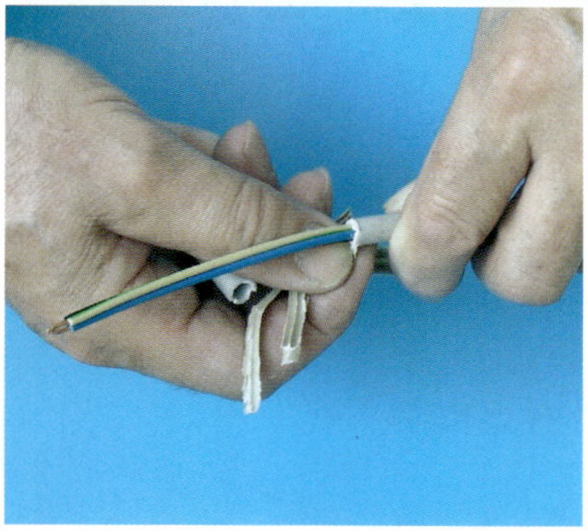

Das Ende der Ummantelung sollte nicht unbedingt wie von Mäusen abgefressen aussehen. Oft lässt es sich mit den Fingernägeln ausreichend begradigen, aber ein feiner Seitenschneider kann ebenfalls eingesetzt werden, um das Werk vorzeigefähig zu vollenden.

Die Leiterenden sollten bevorzugt erst bei der Endmontage mit einer Abisolierzange auf die erforderliche Länge abisoliert werden.

Anwendung von Lüster- und Dosenklemmen

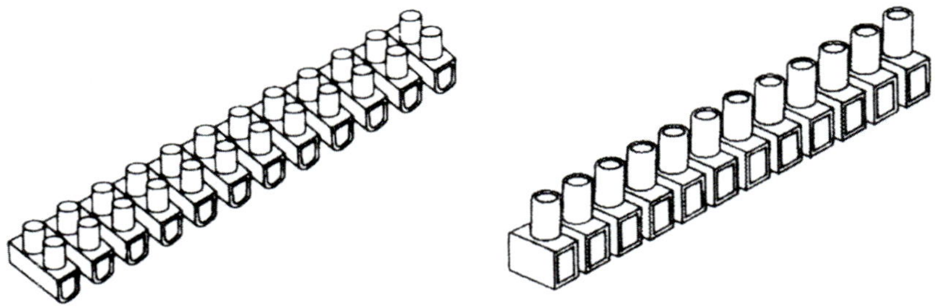

Abb. 137: Herkömmliche Lüsterklemmen (links) und Verbindungsklemmen (rechts) sind in der Form von zwölfpoligen Klemmleisten erhältlich.

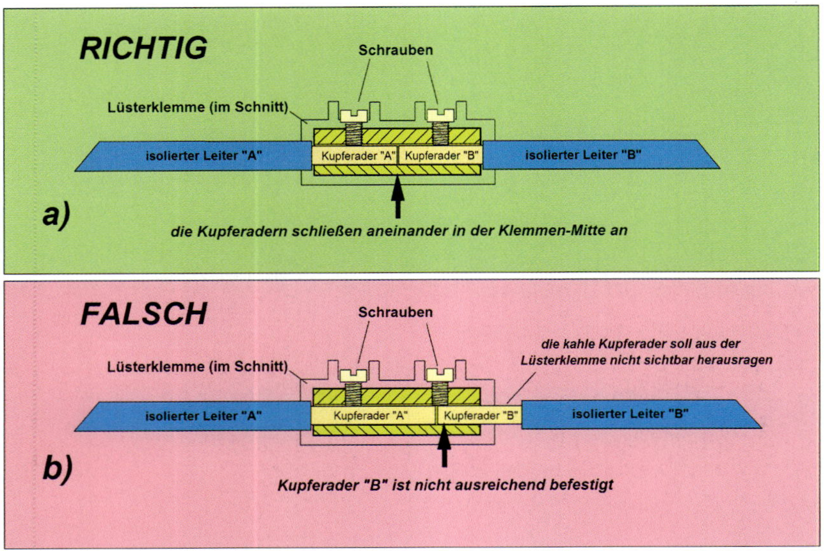

Abb. 138: Verbindung von zwei Leitern in einer Lüsterklemme

Lüsterklemmen (Anschlussklemmen) gehören zu den bekanntesten elektrotechnischen Schraubverbindungen. Neue Leuchten sind meist schon herstellerseitig mit zwei oder drei Lüsterklemmen versehen.

Lüsterklemmen sind oft als längere (12-polige) Klemmenleisten nach Abb. 137 links erhältlich und lassen sich leicht mit einem Messer oder mit einem Seitenschneider trennen. Wo mehrere Lüsterklemmen vorgesehen sind, sollten sie nicht als selbstständige Einzelklemmen, sondern als miteinander verbundene Doppel- oder Reihenklemmen installiert werden. Damit wird verhindert, dass sich die Klemmenanschlüsse gegenseitig berühren und Defekte auslösen.

Abgesehen von Lampenanschlüssen können Lüsterklemmen auch für Verbindungen der Leiter in Abzweig- oder Schalterdosen (hinter den Schaltern bzw. Steckern) für die Verbindung von zwei Leitern verwendet werden.

> **Hinweis:**
>
> Achten Sie darauf, dass sich jeweils beide Leiter den Platz in der Lüsterklemme nach Abb. 138a) ausgewogen teilen. Oft wird der Fehler gemacht, dass einer der Leiter nach Abb. 138b zu tief in die Klemme eingeschraubt wird und für den anderen bleibt dann nur wenig Platz übrig, um von der Schraube an seiner Seite ausreichend festgeklemmt werden zu können. Eine derartig unzuverlässige Verbindung kann Funken verursachen, die sich z.B. auf Holzdecken zu Brandstiftern mausern können.

Verbindungsklemmen (Dosenklemmen) werden vor allem für Schraubverbindungen in Abzweigdosen (Verbindungsdosen) verwendet. Sie verfügen – im Gegensatz zu Lüsterklemmen – jeweils nur über eine Festsetzschraube, mit der mehrere Leiter nach Abb. 138 zusammengeklemmt werden können.

Ähnlich wie die Lüsterklemmleisten, lassen sich auch die Dosenklemmleisten nach Belieben teilen (einfach mit den Fingern auseinanderdrehen). Sie sollten – ähnlich wie die Lüsterklemmen – bevorzugt auch nur als kompakte Klemmleisten (eine Leiste pro Abzweigdose) verwendet werden - wie in Abb. 138 dargestellt ist. Alle Leiter sollten in die Klemme so eingeleitet werden, dass man im Nachhinein leicht sehen kann, ob sie auch alle tatsächlich tief genug in der Klemme (unter der Schraube) sitzen. Nach der Montage werden die Leiter mit den Dosenklemmen nach Abb. 139 in die Verteilerdose kräftig hineingedrückt, denn der Deckel der

Anwendung von Lüster- und Dosenklemmen

Abb. 139: Dosenklemmen sollten pro Abzweigdose bevorzugt nur als eine einzige Klemmleiste untergebracht werden.

Wichtig:

Achten Sie immer darauf, dass jeweils **alle** Leiter in Dosenklemmen auch tatsächlich gut eingeklemmt sind! Es kommt in der Praxis oft vor, dass einige der dünneren Leiter in einer der Klemmen nur in einem Hohlraum stecken und keine richtige Verbindung mit dem Stromkreis haben. Solche Verbindungen können manchmal eine zeitlang „federnd" einen guten Kontakt simulieren und lassen sich messtechnisch nicht entlarven. Nur durch Ziehen an den einzelnen Leitern ist zu kontrollieren, ob die Verbindung auch tatsächlich fest sitzt. Sitzt sie nicht fest, wird sie sich im Laufe der Zeit erhitzen, danach wird sie glühen, brennen, verbrennen oder Hausbrand auslösen.

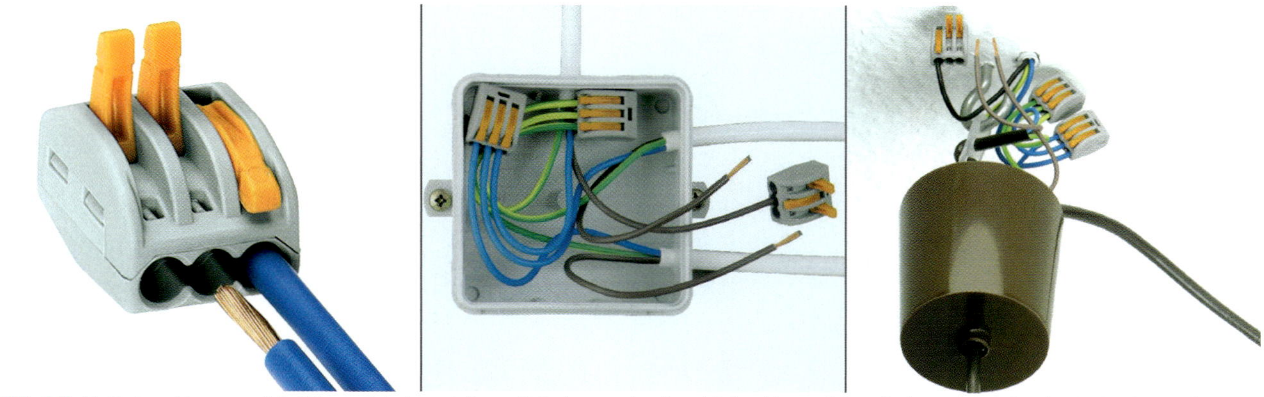
Abb. 140: Verbindungsklemmen mit Betätigungshebeln: anstelle von Befestigungsschrauben drücken hier spezielle Befestigungshebel die Leiter in der Klemme fest (Anbieter/Foto: Conrad Electronic).

Verteilerdose hält nur federnd an der Doseninnenwand und eventuell überstehende Leiter würden ein optimales Abdecken der Dose verhindern.

Die Zuleitungsdrähte sollten in der Abzweigdose (Verbindungsdose) etwas länger sein, als für die Verbindung unbedingt notwendig wäre - um eine Reserve zu haben, wenn z.B. eines der Drahtenden abbricht.

Schraubenlose Steckklemmen

Viele der moderneren Lichtschalter und Steckdosen sind mit „schraubenlosen Anschlussklemmen" ausgelegt, die auch in der Form von selbstständigen Schnellverbindungsklemmen erhältlich sind. Für den Heimwerker stellen derartige Klemmen nicht gerade das Gelbe vom Ei dar, denn die Qualität der erstellten Verbindung ist – im Gegensatz zu einer Schraubverbindung – nicht optisch kontrollierbar und eine Demontage wird oft zu einer Geduldsprobe.

Die einzige Vorsorgemaßnahme, die man bei der Anwendung dieser Klemmen vornehmen kann ist, dass der abisolierte Teil des Leiters wirklich lang genug ist, um auch richtig in der Klemme zu sitzen. Wir haben schon an anderer Stelle darauf hingewiesen, dass diverse Schalter- und Steckdosen-Doppelklemmen (Klemmen, in die nebeneinander zwei Leiter hineingesteckt werden können) nur Leiter gleicher Durchmesser halten können – bzw. zufriedenstellend halten können. Wird in solche Klemmen z.B. ein Leiter mit einem Querschnitt von 2,5 mm^2 und daneben ein Leiter mit einem Querschnitt von 1,5 mm^2 hineingesteckt, hält der dünnere Leiter in der Klemme meistens entweder gar nicht oder nur sehr schlecht.

Abb. 141: Schraubenlose Anschluss-Steckklemmen: Das abisolierte Leiterende wird in die Klemme nur hineingesteckt – und schon ist ein (oft lausiger) Anschluss erstellt.

Die einzige Vorsorgemaßnahme, die man bei der Anwendung dieser Klemmen vornehmen kann ist, dass der abisolierte Teil des Leiters wirklich lang genug ist, um auch richtig in der Klemme zu sitzen. Wir haben schon an anderer Stelle darauf hingewiesen, dass diverse Schalter- und Steckdosen-Doppelklemmen (Klemmen, in die nebeneinander zwei Leiter hineingesteckt werden können) nur Leiter gleicher Durchmesser halten können – bzw. zufriedenstellend halten können. Wird in solche Klemmen z.B. ein Leiter mit einem Querschnitt von 2,5 mm^2 und daneben ein Leiter mit einem Querschnitt von 1,5 mm^2 hineingesteckt, hält der dünnere Leiter in der Klemme meistens entweder gar nicht oder nur sehr schlecht.

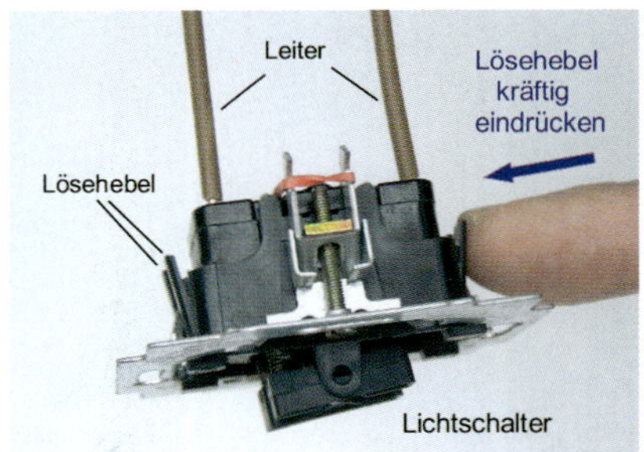

Abb. 142: Wenn der Leiter aus einem Schalter oder aus einer Steckdose herausgezogen werden soll, muss der Lösehebel kräftig eingedrückt werden.

Einbaulampen in Möbel

Abb. 143: Für den Einbau in Möbel sollten in Hinsicht auf die Brandgefahr nur spezielle Möbel-Einbaulampen verwendet werden.

Abb. 144: LED-Möbel-Einbaulampen wärmen sich nicht zu sehr auf und haben zudem in der Regel einen niedrigen Stromverbrauch (Foto/Anbieter: Conrad Electronic).

Möbel-Einbaulampen gehören zwar zu den handelsüblichen Gütern, sind jedoch nicht immer und nicht überall in der Ausführung erhältlich, die Ihnen vorschwebt. Aus Gründen der Brandgefahr sollten Sie dennoch zu diesem Zweck nur „echte Möbel-Einbaulampen" verwenden und improvisierten Lösungen aus dem Wege gehen. Dies betrifft auch evtl. zusätzliche Schalter und Klemmverbindungen (Lüsterklemmen), die im Möbel eingebaut werden sollen. Hier ist wichtig, dass jede Schraubverbindung wirklich perfekt verschraubt wird. Lockere Verbindungen (Wackelkontakte) verursachen Funken, und Funken verursachen Feuer.

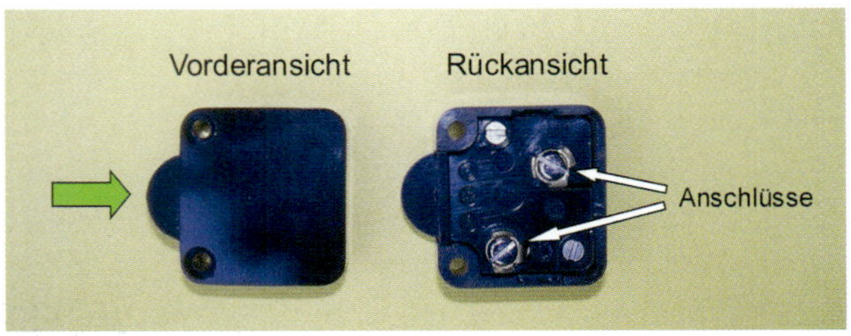

Abb. 145: Ein „Truhenschalter" ist für den Einbau in Möbel- oder Schranktüren vorgesehen, bei denen das Licht beim Öffnen der Tür automatisch eingeschaltet werden soll (wie wir es z.B. von den Schaltern in Kühlschränken kennen).

Verputzen von Leitungen und Dosen

Bei zusätzlich verlegten Leitungen, die Sie in eine verputzte Wand eingestemmt haben, können Sie auch das Verputzen eigenhändig meistern.

Wenn es sich nur um das „Einputzen" einer Steckdose handelt, die z.B. direkt neben einem bestehenden Lichtschalter angebracht wurde, dürfte es genügen, wenn Sie als „Putz" einfach Gips oder eine ähnliche Spachtelmasse verwenden.

Ansonsten werden Installationsleitungen mit einem „normalen" Putz verputzt, der im Baustoffhandel entweder als Kalk-Zementputz oder als Kalk-Gipsputz als Sackware erhältlich ist. Es sollte bevorzugt derselbe Putz verwendet werden, mit dem die Wand ursprünglich verputzt wurde.

Als Heimwerker werden Sie den Putz für Ihre Installation nur in einer größeren Schüssel oder in einem kleineren Eimer entweder rein manuell (mit einer Maurerkelle) oder elektrisch mit einer Bohrmaschine und Mischspirale (Rührer) nach Abb. 147 mischen. Ähnlich wie Gips wird auch der Putz zu einer Masse gemischt, die eine etwas dickere breiige Konsistenz aufweist. Er darf allerdings etwas flüssiger sein als Gips. Da Sie den Putz mit einer breiteren Maler-, Gipser- oder gewöhnlichen Stuckateurspachtel oder mit einer kleinen Kelle (nach Abb. 148) auftragen werden, darf er nicht derartig verdünnt sein, dass er Ihnen von der Spachtel herunterfließt.

Bei der Anwendung von „echtem" Putz werden die Schlitze nicht vorgenässt, sollten jedoch von altem Putz- und Ziegelstaub zumindest grob befreit werden (z.B. mit einem Staubsauger).

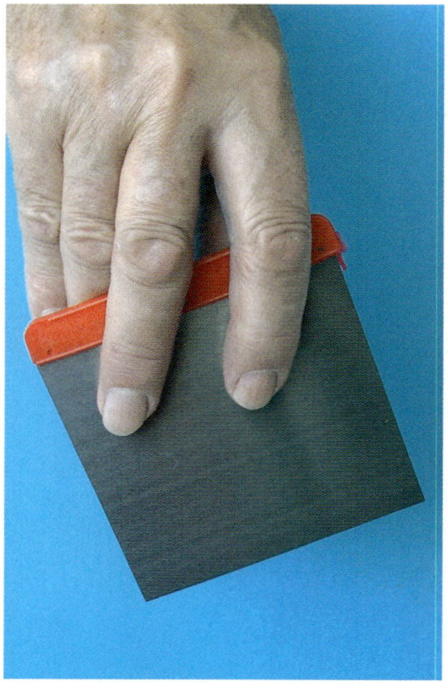

Abb. 146: Mit einer „Japan-Spachtel" können vor allem schmalere Bahnen in der Wand schnell und perfekt geglättet werden.

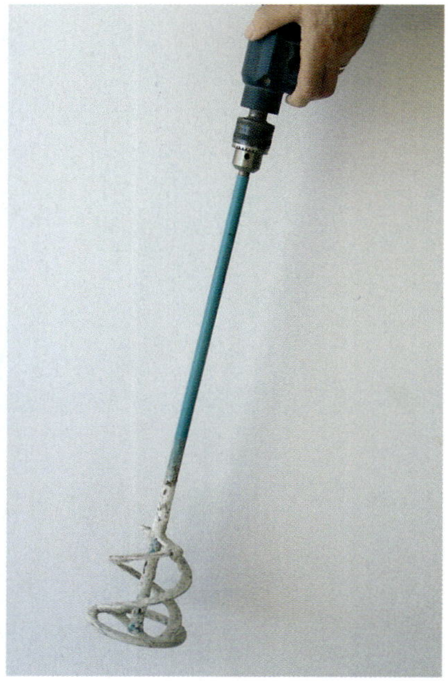

Abb. 147: Putz kann mit einem Rührer und einer Bohrmaschine (ab ca. 800 Watt) bei niedriger Drehzahl in einem Baueimer gemischt werden.

Sowohl der Kalk-Zementputz als auch der Kalk-Gipsputz trocknen ziemlich langsam (Kalk-Zementputz trocknet langsamer als Kalk-Gipsputz). Sie lassen sich daher nicht gleich nach dem Auftragen glätten. Hier ist etwas Warten nötig, das abhängig von der Raumtemperatur und von der Saugkraft der Wände oft mehr als eine Stunde dauern kann. Wann „die Zeit reif ist", erkennen Sie einfach probeweise daran, dass sich die verputzte Fläche glätten lässt, ohne dass sie (noch) zum Herausbeulen oder zur Blasenbildung neigt.

Das Glätten der neu verputzten Schlitze und Dosen lässt sich am besten mit Hilfe einer kleineren Glättescheibe mit Schwammgummibelag (Abb. 150) machen. Die feinen Sandkörnchen am Rande der verputzten Bahnen werden nach Eintrocknen des Putzes mit einer Malerspachtel oder „Japan-Spachtel" entfernt. Unebenheiten im Putz können anschließend z.B. mit einer feinen Spachtelmasse ausgebessert werden.

Verputzen von Leitungen und Dosen

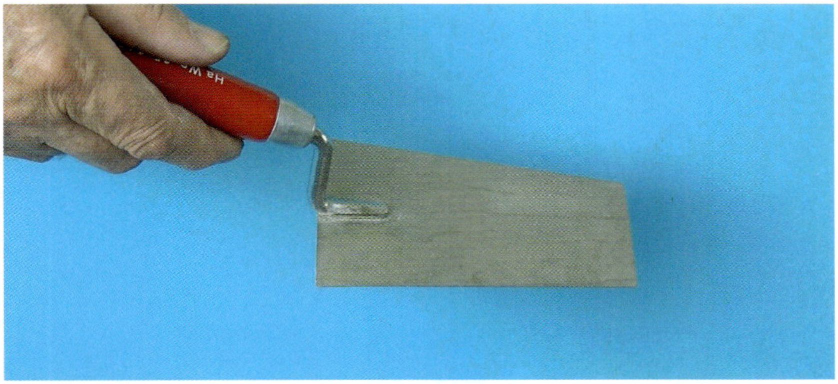

Abb. 148: Mit einer Gipser- oder Stuckateurkelle können Leitungen in der Wand mit dem Putz erst grob gefüllt, anschließend glatt verputzt werden.

Abb. 149: Um Geräte- und Abzweigdosen wird der Putz mit kleinen Spachteln hineingedrückt

Abb. 150: Mit Hilfe einer Glättescheibe mit Schwammgummibelag wird die verputzte Wand geglättet.

Vorsicht ist die Mutter der Porzellankiste

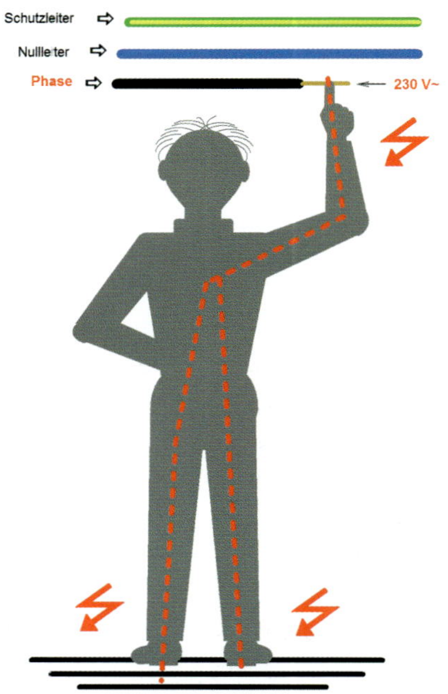

Abb. 151: Wer auf einem feuchten Boden mit feuchten Schuhen steht, der wird bei Berührung der Phase den elektrischen Strom von seiner bösartigen Seite kennen lernen.

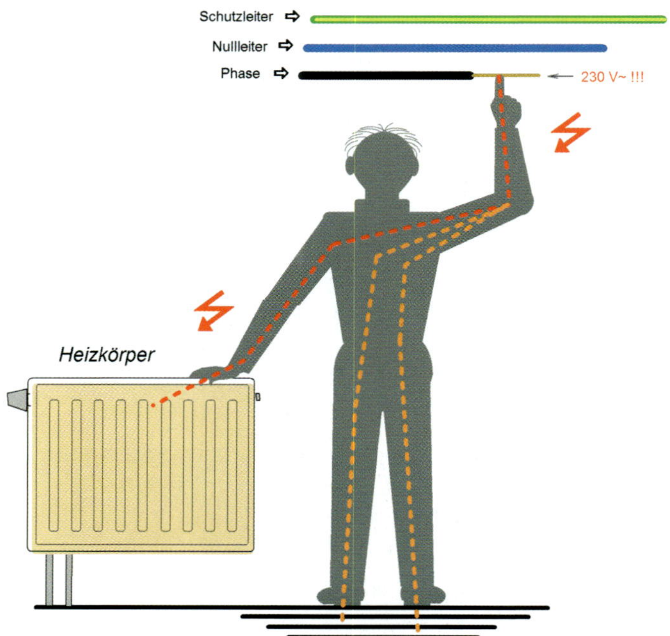

Abb. 152: Auch ein Heizkörper stellt einen Gegenpol zu der Phase dar, der sich ähnlich auswirkt wie z.B. der Nullleiter (wäre der Mensch eine Glühbirne, würde er bei solch einem Kontakt voll leuchten).

Elektrischer Strom kann schlagen und er kann auch erschlagen. Zwar nicht so einfach, wie es manche Drehbuchautoren und Filmregisseure dem Publikum vorgaukeln, aber dennoch. Wie bereits erwähnt, sind hier vor allem diejenigen gefährdet, die von der ganzen Sache „null Ahnung" haben und nachlässig defekte Geräte oder Kabel verwenden. Auch erfahrene Elektriker bekommen sehr oft Stromschläge, da sie im Laufe der Zeit jeglichen Respekt vor dem elektrischen Strom verlieren und unachtsam werden.

Wirklich schlagen oder „beißen" kann normalerweise nur die Phase (der schwarze oder braune Leiter). Wie bereits auf den vorhergehenden Buchseiten wiederholt angesprochen wurde, sollten in einer bestehenden Elektroinstallation die elektrischen Leiter durch die Farbe ihrer Isolation eindeutig gekennzeichnet sein. Der Nullleiter (blau) und der Schutzleiter (grün/gelb) dürften theoretisch als spannungsfrei gelten. Allerdings nur theoretisch! Bei einer Elektroinstallation, die man nicht selber gewissenhaft ausgeführt hat, darf man sich auf nichts verlassen. Auch nicht darauf, dass die Farben der Leiter (= ihrer Isolierungen) auch tatsächlich mit dem übereinstimmen, was die Vorschriften verlangen. Eine einfache Kontrolle mit einem Phasenprüfer ist daher immer erforderlich.

Die Gefährlichkeit eines Stromschlags ist in gewissen Grenzen kalkulierbar. Zumindest in Hinsicht auf die Folgen, die davon abhängen, wie stark der elektrische Strom durch den Körper und vor allem durch das Herz des Opfers fließt und wie widerstandsfähig der Mensch und sein Herz sind. Man sollte aber bei solchen Schilderungen nicht aus der ganzen Sache einen Horror machen: Laut Statistik kommen in unserem Land etwa 6000 Menschen pro Jahr im Straßenverkehr um und etwa drei Heimwerker pro Jahr durch Stromschlag bei der „gezielten" Arbeit an eigener Elektroinstallation. Dabei ist

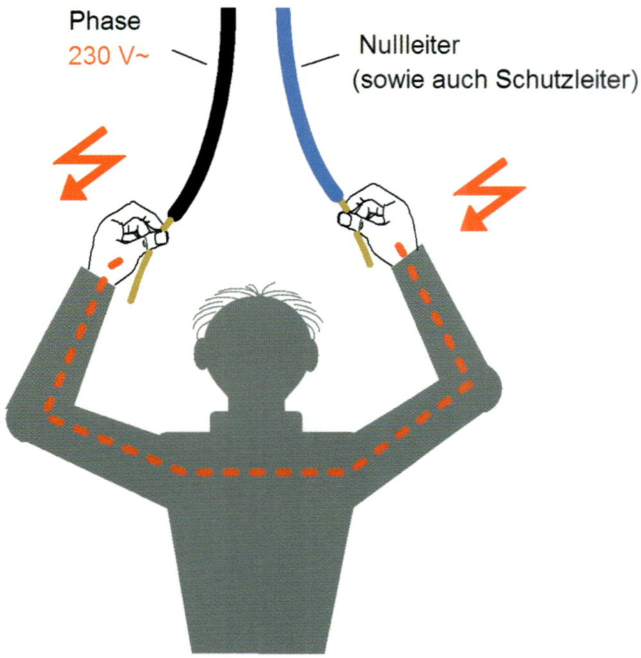

Abb. 153: So etwas passiert in der Praxis nur aus Unachtsamkeit und nicht unbedingt in der zeichnerisch dargestellten Form, aber die Stromverbindung läuft in dem Fall durch das Herz und kann bei feuchten Händen ganz kräftig „zuschlagen".

nicht einmal nachvollziehbar, ob zu so einem Unfall nicht ein Dritter beigetragen hat, der entweder Spaß haben wollte oder seine Erbschaft nicht abwarten konnte.

Wir wissen inzwischen, dass der elektrische Strom nur dann durch den menschlichen Körper fließen kann, wenn er eine leitende Verbindung zu einem „Gegenpol" hat (zum Nullleiter, zur Erde, zum Heizkörper der Zentralheizung usw.).

Wenn ein Mensch beispielsweise auf einer gut isolierten Kunststoffplatte steht und mit seinem Finger die Phase der Netzspannung berührt, wird er den elektrischen Strom meist gar nicht wahrnehmen können. Der elektrische Strom kann hier nicht fließen, denn die Phase hat keine Verbindung zu einem „Gegenpol". Das ändert sich jedoch, wenn der Mensch z.B. mit feuchten Schuhen auf feuchtem Fußboden auf der Erde nach Abb. 151 steht.

Mitbestimmend für eine leitende Verbindung ist in solchen Fällen auch die jeweilige Feuchtigkeit der Haut. Feuchte Haut (feuchte Hände und Füße) leitet maßgeblich kräftiger als trockene Haut.

Am größten sind diese Risiken bei der Arbeit im Freien oder in einem nassen Keller. Das liegt daran, dass hier der Mensch mit der Erde relativ leitend verbunden ist, wodurch der elektrische Strom von seiner Hand über das Herz ziemlich kräftig nach unten fließen kann. Das menschliche Herz stellt hier generell die schlimmste Kreuzung dar. Wenn dagegen der elektrische Strom (Stromstoß) z.B. nur von einem Finger zu einem anderen Finger **derselben** Hand fließt, ist der Stromschlag zwar unangenehm, aber für das Herz ungefährlich. Selbstverständlich nur unter der Bedingung, dass es dabei keine leitende Verbindung zum Fußboden oder zu einem anderen leitenden Gegenstand – wie Zentralheizungs- oder Wasserleitungsrohren, Heizkörper, Stahlkonstruktionen und Ähnliches – gibt.

Alle die hier angesprochenen Gefahren können einfach dadurch gebannt werden, dass der Strom zum richtigen Zeitpunkt an richtiger Stelle abgeschaltet wird. Machen Sie es sich aber zur Gewohnheit, dass Sie automatisch auch nach jeder Arbeitsunterbrechung immer neu kontrollieren, ob der Strom auch tatsächlich abgeschaltet ist. Dies ist vor allem deshalb wichtig, weil während der Elektroarbeiten oft der Strom zwischendurch Kontrolle halber eingeschaltet wird und man kann manchmal schon nach einer sehr kurzen Arbeitspause die Übersicht über den jeweiligen „Stand der Dinge" verlieren...

Machen Sie es besser als ein Fachmann!

Einfachere Elektroinstallationen setzen keine spezielle Erfahrung voraus. Es wird hier ja nur etwas geschraubt, eventuell auch gebohrt oder mit einem Meißel in die Mauer eingehackt.

Übung macht zwar theoretisch auch hier den Meister, aber ein Meister wird Ihnen die Leuchte an die Wand auch nicht besser montieren, als Sie es selber machen können. Im Gegenteil: Der „Meister" muss darauf achten, dass er flott arbeitet. Ansonsten wird seine Arbeit für den Kunden unzumutbar teuer. Abgesehen davon erteilt heutzutage der Kunde seine derartigen Aufträge nicht einem „Meister" persönlich, sondern einer „Firma", die dann irgendwann irgendeinen ihrer Mitarbeiter zu ihm delegiert. Nicht immer wird dann der Kunde von einem „echten Meister", sondern oft nur von einem „anonymen" Handwerker betreut, der möglicherweise nicht einmal ein „gelernter" Elektriker ist und nur angelernt wurde. Sie selbst können sich für so ein Anliegen beliebig viel Zeit lassen, alles genauestens ausmessen, mit einer Wasserwaage perfekt ausrichten und jede einzelne Handlung gut überlegen. Wenn Sie nicht ausgesprochen „zwei linke Hände" haben, können Sie alles viel besser machen als ein Fachmann, der in der Regel unter Zeitdruck arbeitet (was ja bei den heutigen Löhnen auch im Sinne des Kunden ist).

Nach dem Durchlesen dieses Büchleins werden Sie wahrscheinlich sehr überrascht sein, wie wenige Vorschriften es in Wirklichkeit gibt, die Sie bei normalen Elektroinstallationen beachten sollten bzw. beachten müssten.

Wenn es sich um einen Neubau handelt, bei dem der Zähler noch nicht installiert wurde, brauchen Sie für manche der Stromlieferanten einen „Fertigstellungs-Anmeldeschein" den nur ein „offiziell anerkannter" Elektromeister ausstellen darf. Andernfalls könnte Ihnen der Stromlieferant den Netzanschluss verweigern (worüber Sie sich bei ihm rechtzeitig erkundigen sollten).

Sehen Sie sich bei Bedarf nach einem kompetenten Elektromeister um, der bereit ist, ab und zu „auf einen Sprung" vorbeizukommen, Ihnen eventuell einige Hinweise zu geben und schließlich alles begutachtet, um den benötigten Anmeldeschein zu erstellen. Wenn Sie mit ihm ein festes Stundenhonorar oder eine Pauschalvergütung vereinbaren, ist eine solche Lösung kostengünstig.

Das Rezept für eine erfolgreiche Bewältigung derartiger Aufgaben ist einfach:

- Gehen Sie jeglicher Terminplanung einer „Fertigstellung" bevorzugt aus dem Wege! Machen Sie sich die Zeit zu Ihrem Freund, nicht zu Ihrem Feind, der Sie antreibt und unter Stress setzt.
- Suchen Sie sich in diesem Büchlein mit Muße alle notwendigen Informationen zusammen und notieren Sie sich alles, was Sie für wichtig halten. Dazu gehört auch eine Aufstellung der benötigten Materialien und Werkzeuge. Es ist ärgerlich, wenn Sie die Arbeit unterbrechen müssen, um vom Baumarkt eine fehlende Kleinigkeit zu holen.
- Den Teil der Arbeiten, bei dem Sie direkt mit den elektrischen Leitern in Berührung kommen, sollten Sie grundsätzlich nur dann ausführen, wenn Sie gute Laune und genügend Zeit haben. Somit werden Sie in aller Ruhe alle Sicherheitsmaßnahmen vornehmen können (vergessen Sie vor allem nicht, vorher den Strom abzuschalten).
- Vertrauen ist gut, Kontrolle ist besser: Sowohl vor, als auch nach dem Abschalten der Stromzuleitung zu Ihrer „Arbeitsstelle" sollten Sie sich vergewissern, dass Ihr **Phasenprüfer** oder **Spannungsprüfer**, mit dem Sie die „Anwesenheit und Abwesenheit" der Spannung kontrollieren, intakt ist.
- Falls sich die zuständigen Sicherungen oder der zuständige „Sicherungsschalter" (Leitungsschutzschalter) an einer Stelle befindet, zu der z.B. auch andere Personen (Handwerker, Hausbewohner) Zugang haben, sichern Sie es mit einem Warnschild ab.
- Sollten Sie den Eindruck haben, dass Sie einem Anliegen nicht gewachsen sind, lassen Sie sich von einem „echten" Fachmann beraten. Viele Ratschläge geben Ihnen auch Fachverkäufer in den Elektro-Fachgeschäften oder Baumärkten (wer viel fragt, der erfährt auch viel). Sie können sich auch in Ihrem Betrieb, bei Ihren Nachbarn oder an einer Baustelle ansehen, wie diverse Installationen konkret ausgeführt wurden.
- Auch das völlige Renovieren oder Anlegen des „Hausnetzes" können (und dürfen) Sie eigenhändig durchführen. Es gibt keine Gesetze, die es verbieten. Dennoch sollten Sie dabei die in diesem Buch aufgeführten Hinweise beachten und die paar Vorschriften einhalten, die auch Ihrer Sicherheit dienen.

Energiesparmöglichkeiten

Energiesparmöglichkeiten

Welche Sparmaßnahmen wirklich sinnvoll sind, hängt in jedem Haushalt davon ab, worauf man verzichten kann, ohne dass man sich dabei mit zu vielen Einschränkungen das Leben erschwert. Am leichtesten kann man den Stromverbrauch durch Anschaffung von elektrischen „Verbrauchern" verringern, die bei derselben Leistung „energiesparend" arbeiten.

Unter den größeren „Energiefressern" gibt es z.B. tatsächlich energiesparende Kühlschränke und Tiefkühltruhen, deren Stromverbrauch nachweisbar niedriger ist als bei diversen älteren Geräten. Schwieriger ist es mit der tatsächlichen Energieeinsparung bei Haushaltsgeräten, die den elektrischen Strom in Wärme umwandeln, um z.B. bei einer Waschmaschine das Wasser aufzuwärmen, bei einem Wäschetrockner die heiße Luft zwischen die Wäsche zu blasen, oder um in einem Backofen den Kuchen oder die Ente ordentlich zu backen bzw. zu braten. Diese Geräte wandeln den elektrischen Strom überwiegend in Wärme (in Heizspiralen) relativ verlustfrei um – was technisch bedingt gar nicht anders möglich ist. Verluste können hier zwar dadurch entstehen, dass die Wärme nicht voll benutzt wird, aber das lässt sich in vielen Fällen nicht sinnvoll abfangen: Ein Kochtopf, der auf einer Kochplatte steht, kann die Wärme nicht voll nutzen, denn ein beträchtlicher Teil geht hier in die Umgebung verloren.

Sinnvolle Einsparmöglichkeiten bieten sich bei der Beleuchtung an. In unseren Haushalten werden immer noch viel zu wenig Energiesparlampen oder Leuchtstofflampen (die auch zu der Kategorie der Energiesparlampen gehören) angewendet, die im Vergleich zu herkömmlichen Glühlampen bei derselben Lichtintensität nur ein Fünftel der elektrischen Energie verbrauchen. Allerdings für den Preis, dass sie etwas teurer sind als die herkömmlichen Glühlampen.

Abb. 154: Energiesparlampe in der Küche (Foto/Anbieter: Conrad Electronic)

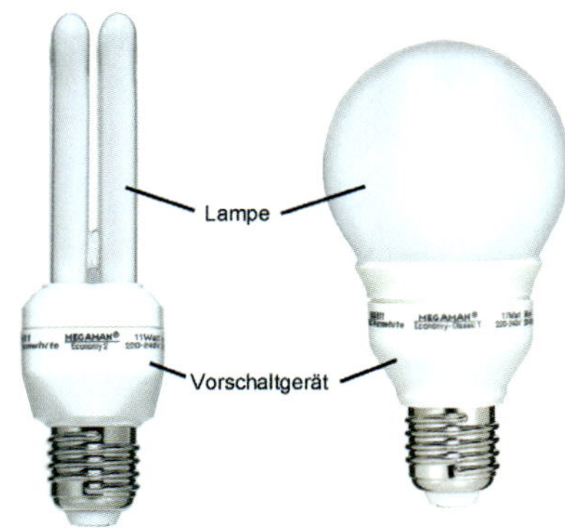

Abb. 155: Energiesparlampen benötigen Vorschaltgeräte, die in ihnen eingebaut sind und damit die Einbaulänge der Lampen vergrößern.

Zudem verhalten sich nicht alle Energiesparlampen und Leuchtstofflampen erwartungsgemäß kooperativ: Manche leuchten nicht sofort nach dem Einschalten ordentlich auf, bei anderen entspricht die Farbe des Lichtes nicht den Erwartungen oder die Form der Lampe eignet sich rein optisch nicht für den vorgesehenen Tausch gegen eine normale Glühlampe.

Zu beachten: Viele der Energiesparlampen lassen sich nicht mit einem normalen Glühlampendimmer dimmen. Wohl aber einige spezielle „**dimmbare Energiesparlampen**".

Beim Kauf einer Energiesparlampe ist u.a. darauf zu achten, dass einige dieser Lampen mit einer internen Vorheizung versehen sind, wodurch es jeweils etwas länger (bzw. viel zu lange) dauert, bevor die Lampe nach dem Einschalten die volle Lichtintensität erreicht. Bei einer Außenbeleuchtung, die von einem Dämmerungsschalter automatisch gesteuert wird, macht diese Eigenschaft nichts aus, aber bei diversen anderen Einsatzgebieten kann es sehr störend sein. Viele der Energiesparlampen leuchten jedoch nach dem Einschalten genauso schnell auf, wie herkömmliche Glühlampen. Eine richtige Auswahl ist daher beim Kauf einer Energiesparlampe angesagt.

Ein anderes Problem gibt es auch bei Leuchtstofflampen, die noch mit einfachen konventionellen Startern ausgestattet sind: Die Lampen brauchen nach dem Einschalten jeweils eine etwas längere Zeit, bevor sie sich entschließen, ordentlich zu leuchten. Dies lässt sich leicht durch die Anwendung eines elektronischen Starters beheben, der auch im Nachhinein in die Leuchtstoffleuchte eingesetzt werden kann (der alte Starter wird

Abb. 156: Energiesparlampen größerer Durchmesser sind optisch attraktiv und ihre Vorschaltgeräte sind flacher angeordnet.

Abb. 157: Dimmbare Energiesparlampen (Anbieter/Fotos: Conrad Electronic)

einfach umgetauscht). Mit dem baugleichen elektronischen Starter schaltet die Leuchtstofflampe ähnlich schnell wie eine normale Glühlampe ein (Diese Starter bietet u.a. Conrad Electronic an – siehe Bezugsquellenhinweis am Ende des Buches).

Neben den Leuchtkörpern gibt es in unseren Haushalten eine große Menge an elektrischen Verbrauchern, von denen manche sogar völlig unscheinbar ihr Dasein fristen und dabei ebenfalls unscheinbar – oder sogar unverdächtig – laufend elektrische Energie im Stand-by-Modus beziehen. Zu den unverdächtigsten „Verbrauchern" gehören z.B. diverse Leuchten mit Bewegungsmeldern und Dämmerungsschaltern, deren Elektronik 24 Stunden pro Tag Strom bezieht – obwohl sie dabei den Anschein erwecken dass in ihnen nichts vorgeht (ähnliche Verhaltensmuster kennen wir ja aus der Politik).

Das Schlimme an vielen dieser Geräte ist, dass unter den technischen Daten nur sehr selten ein Hinweis darauf zu finden ist, welchen „Stand-by-Verbrauch" sie haben. Viele Anwender wissen nicht einmal, dass so manche dieser Leuchten (oder Stolperlicht-Mini-Lämpchen) überhaupt einen Stand-by-Verbrauch auch dann haben, wenn sie **nicht** leuchten – wohl aber eingeschaltet bzw. als Außenleuchten an die Stromzuleitung angeschlossen sind. Der Verbrauch wird hier vor allem durch die Elektronik des Dämmerungsschalters verursacht, die ununterbrochen Strom bezieht.

Wie schlimm ist so etwas konkret? In Hinsicht auf den tatsächlichen Stand der Technik ist der Stand-by-Verbrauch auch bei neueren Produkten immer noch viel zu hoch und liegt überwiegend in Grenzen zwischen etwa 0,7 und 1,1 Watt. Dasselbe gilt auch für die Funk- oder Infrarotempfänger der Funk- oder Infrarotschalter, sowie auch z.B. für die Garagentor-Elektronik und auch diverse kleine Stolperlicht-Lämpchen und sogar für den Klingeltransformator, dessen primäre Wicklung ebenfalls laufend Strom bezieht.

Der tatsächliche Stromverbrauch aller dieser im Stand-by betriebenen Geräte ist zwar nicht so hoch, wie es gelegentlich (auch von inkompetenten Politikern und ihren Handlangern) „hochgedichtet" wird. In so manchem Haushalt kann aber auf diese Weise dennoch ein Energieverbrauch entstehen, den man vielleicht näher unter die Lupe nehmen dürfte. Noch wichtiger ist, dass man bei der Anschaffung von neuen Geräten dieser Art auf den Stand-by-Verbrauch achtet, bzw. beim Kauf darauf besteht, dass diese Information in den Prospekten oder auf den Beipackzetteln aufgeführt ist.

Da wir bereits im Kapitel „Wissenswertes über Spannung und Leistung" an praktischen Beispielen erläutert haben, wie die elektrische Leistung mit dem Stromverbrauch zusammenhängt, können Sie sich bei Bedarf ein genaueres Bild darüber machen, wo sich in Ihrem Haus elektrische Energie einsparen lässt. Wenn der Stand-by-Verbrauch bei Ihren Geräten nicht unter den technischen Daten auffindbar ist, kann er durch Messen ermittelt werden. Dafür gibt es im Versand- und Fachhandel spezielle kleine (und oft preiswerte) Energiemessgeräte, die den Energieverbrauch in Wattstunden anzeigen.

Gefällt Ihnen dieses Buch? Vielleicht sind Sie noch an weiteren Themen interessiert, die von **Bo Hanus** verfasst und vom **Franzis Verlag** herausgegeben wurden? Hier die Übersicht der Titel:

- **Der leichte Einstieg in die Elektrotechnik** (219 Seiten)
- **Drahtlos schalten, steuern und übertragen in Haus und Garten** (234 Seiten)
- **Drahtlos überwachen mit Mini-Videokameras** (205 Seiten)
- **Experimente mit superhellen Leuchtdioden** (153 Seiten)
- **Schalten, Steuern und Überwachen mit dem Handy** (97 Seiten)
- **Elektroinstallationen in Haus und Garten - echt leicht!** (97 Seiten)
- **Wie nutze ich Solarenergie in Haus und Garten?** (120 Seiten)
- **Solaranlagen selbst planen und installieren** (128 Seiten)
- **Solaranlagen richtig planen, installieren und nutzen** (300 Seiten)
- **Solarstromnutzung beim Campen, im Caravan, Wohnmobil und Boot** (97 Seiten)
- **Spaß & Spiel mit der Solartechnik** (112 Seiten)
- **Das große Anwenderbuch der Solartechnik** (367 Seiten)
- **Wie nutze ich Windenergie in Haus und Garten?** (97 Seiten)
- **Das große Anwenderbuch der Windgeneratoren-Technik** (319 Seiten)
- **Der leichte Einstieg in die Mechatronik** (268 Seiten)
- **Der leichte Einstieg in die Elektronik** (363 Seiten)
- **So steigen Sie erfolgreich in die Elektronik ein** (97 Seiten)
- **Spaß & Spiel mit der Elektronik** (120 Seiten)
- **Erfolgreicher Service elektronischer Musikinstrumente** (343 Seiten)
- **Das große Anwenderbuch der Elektronik** (351 Seiten)
- **Selbstbau-Roboter für Alarm- & Sicherheitsaufgaben** (172 Seiten)
- **Kampfspiel-Roboter im Selbstbau - Robot WARS** (97 Seiten)

Bemerkung: Einige der hier aufgeführten Bücher sind möglicherweise inzwischen im Buchhandel „vergriffen“, stehen aber in Städtischen Büchereien als Leihbücher zur Verfügung bzw. werden da für den Interessenten besorgt.

Bezugsquellen-Hinweise – auch für Katalogbestellung:
Conrad Electronic, Klaus Conrad Straße 1, D-92240 Hirschau, Telefon 0180 / 53 21 11, Fax 0180 / 53 12 10, Internet: www.conrad.de
Westfalia, Werkzeugstraße 1, 58082 Hagen, Telefon 0180 / 53 03 132, Fax 0189 / 53 03 130, Internet: www.westfalia.de

Weitere Bezugsquellen: Baumärkte und Fachhandel

Stichwortverzeichnis

Stichwortverzeichnis